你有多自律，就有多自由

卡西 著

中国致公出版社
China Zhigong Press

图书在版编目（CIP）数据

你有多自律，就有多自由 / 卡西著. -- 北京：中国致公出版社，2018（2020.6重印）
ISBN 978-7-5145-1249-6

Ⅰ.①你… Ⅱ.①卡… Ⅲ.①成功心理—通俗读物 Ⅳ.①B848.4-49

中国版本图书馆 CIP 数据核字 (2018) 第 077875 号

你有多自律，就有多自由

卡西 著

责任编辑：闫一平　梁玉刚
责任印制：岳　珍

出版发行　中国致公出版社　China Zhigong Press
地　　址　北京市朝阳区八里庄西里 100 号住邦 2000 大厦 1 号楼西区 21 层
邮　　编　100025
电　　话　010-66121708（发行部）
经　　销　全国新华书店
印　　刷　香河利华文化发展有限公司
开　　本　880mm×1230mm　1/32
印　　张　8.5
字　　数　160 千字
版　　次　2018 年 6 月第 1 版　2020 年 6 月第 5 次印刷

定　　价　39.90 元

版权所有，未经书面许可，不得转载、复制、翻印，违者必究。
举报电话：010-82259658

时间具有唯一性和不可逆性,与其浪费在斤斤计较里,不如大气一点。大气的人,才能赢得这个世界。

　　你所做的一切，在将来某些时候，都会反映到你自己的身上。你的气质里，不但有你的教养，也有教养所带来的结果，好的成果，或者不好的后果。

提升自我情绪的控制能力,实际上,就是提升自己的宽容和优雅。让自己处于一个相对温和的圈子里,心情都会变好的,不信你试试。

有些计划,不要轻易中断;有些坚持,不要随便放弃。一个懂得控制自己时间和状态的人,才是真正强大的人。

对于任何事情来说,只有三分钟的热度,都是不够的。如果想要得到更多,付出的时间和努力也要足够多,之所以做不到,是因为热爱不够,坚持不够,动力也不够。

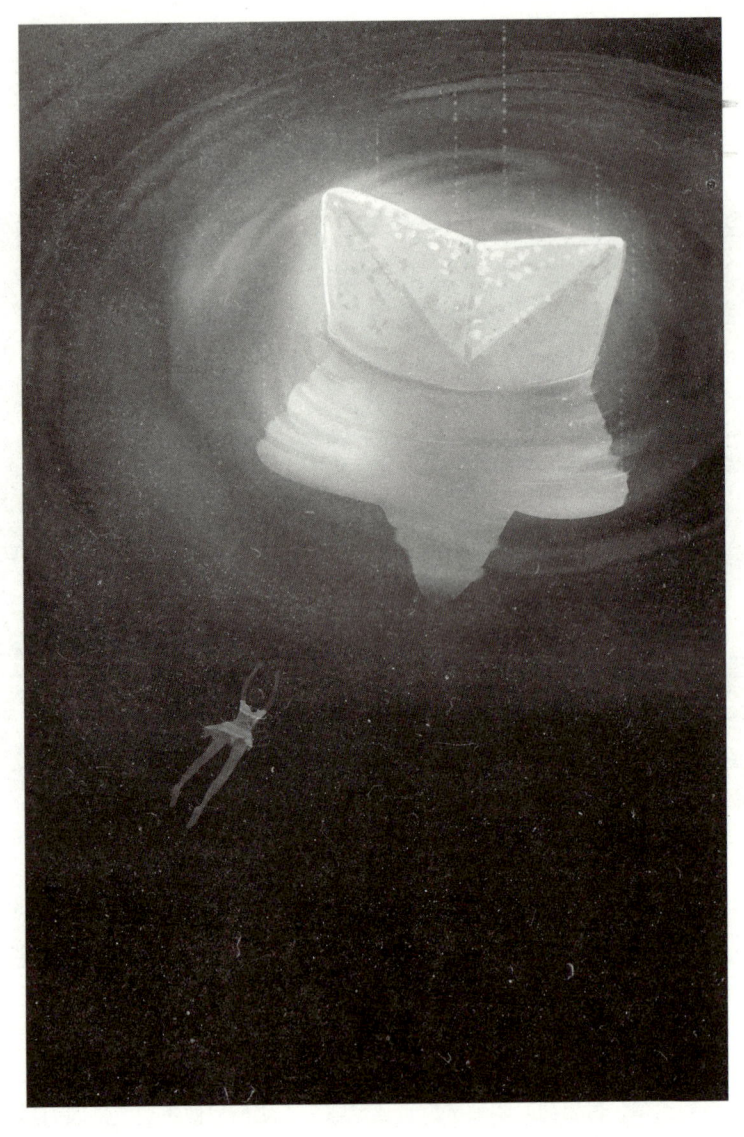

  一个成熟的人,一定懂得认清自己的现状,将励志宣言带来的情绪,转化成此刻的行动,踏踏实实完成每天的努力份额。

自序

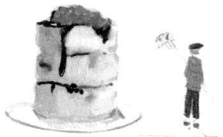

自律,是一场自己与自己的博弈

1. 当你失去对时间的控制权,生活也就失去了平衡

写这本书时,我的状态不算太好。

一个月里有大半时间在出差,加上牙疼头疼同时发作,凌晨时常在噩梦中惊醒,几乎可说是痛不欲生。

但,饶是受制于辛劳疲态,我仍依照在家时的习惯,睡前读半小时的书,并一一列出第二日的必要工作和消遣休闲;清晨,在鸟鸣声中敲出一两千字,然后做十几分钟的瑜伽;每日饭局,

你有多自律，就有多自由

做到不贪杯暴食。

同事问我，既然是出差，不需要朝九晚五打卡，可以自由安排时间，为什么不放松一下，还非要坚持每天按时按点早起的清苦生活？偶尔懈怠一次，没什么的。

不，对我来说，心弦紧绷，充分利用每一分钟时间并不清苦，因为规律的作息时间和日常安排，能让我避免不必要的情绪消耗。

人是有惰性的，一旦某个环节松弛下来，很容易就会被诱惑侵蚀，今日不想读书，明天也能找到另外的理由偷懒，此刻不坚持，下次、下下次的逃避也会很快变成自然而然的事。

在这个人人自危的焦虑时代，我们已经不屑于对着书本啃读，只关心房价的升跌；也很少想到早起闻花香鸟语，反而习惯了在黑夜里一遍遍地刷着手机。

生活是在哪一刻失去平衡的？就是在你对时间失去控制权的时候。

你无法在规定时间内有效完成工作，就会焦躁不安；你不能达成自己的某些愿望，就会悲观失望；生活节奏失去控制的时候，你就会抓狂……长此以往，负能量如期而至也就不奇怪了。

我并非没经历过昼夜颠倒的日子，也曾体验过混乱如麻的状态，事实上，那种睡眠缺失、精神疲乏、反应迟钝、毫无冲劲儿的样子，更让人痛苦不堪。

正因为有对比，才知道自律所带来的成就是多么的有意义，即使不能说自律可以将一切都攥在手中,但有了强大的意志力作依托,人生也确确实实少走了很多弯路。

2. 真正对自己有要求的人,都是高度自律的人

我有个摄影师朋友,与他会面,是需要预约的。

任何临时起意的聚会和饭局他都不会参加,他说,提前约定是对朋友最起码的尊重,因为你不知道对方是否安排了别的事情。

他年轻时夜夜笙歌,每每酩酊大醉,忽然有一日就厌倦了,于是戒酒,至今滴酒不沾,席间只喝可乐,谁劝都不更改。

他曾在暗房洗完照片后一根接一根地抽烟,思索着如何拍照更具创意,但有一次意识到熬夜抽烟会加速身体衰败,于是戒烟,至今一根不抽。

他坚持将摄影融入生活,对走哪儿拍哪儿的职业病洋洋自得,也因此,他的摄影技巧不断提升,越来越受到更多客户的青睐,工作室一再招人,每年会去很多国家拍摄。

他看似随和,但做人非常自律,做事非常有原则,这样的他,获得的是更多的认可和尊重。

真正对自己有要求的人,都是高度自律的人。他们把自己应做的每一件事,无论是简单还是困难,都变为生活的常态,成了日常的惯例。

我另一个女友,堪称自律达人。

你有多自律，就有多自由

她从小热爱高尔夫，几经辗转进入高尔夫球场工作，不忙的时间都在高尔夫球场挥杆，不出几年，球技娴熟，即使与职业球手同场竞技，也丝毫不逊色，在此期间，她考取了国家级裁判资格，如今常常飞往各地参与高尔夫赛事。

她自学了日语，拿到日语专业的本科文凭，目前在冲刺硕士；又曾为了学到纯正的英文，辞掉公司高管职务去北美游学半年，由此，她结识到更多国内外高球运动爱好者，更多行业内的佼佼者，为自己拓展了更为广阔和优秀的人脉关系。

不仅如此，她在24岁那年，开始学钢琴，并一举考下钢琴6级，其实从专业角度来说，这个年龄已算晚了，因为手已定型，手指灵活度相对困难，但她以实力证明了"种一棵树最好的时间是十年前，其次是现在"这句经典之语。

为了练好高尔夫，不论酷暑炎热还是冬风凛冽，她都在高尔夫球场上挥杆训练；为了考取裁判资格，她日日对着书本啃理论知识；为了学会钢琴，她每天加班到七八点以后，还要回家练琴两个小时。

我最佩服的，就是她身上这种强大的自律精神，喜欢什么，想做什么，都会立刻去做，绝不拖延；并能一直坚持下去，直到实现既定目标。

追求自己想要的生活，任何时候开始都不会晚，关键在于你能否坚持下去，以高度自律的精神，日复一日、年复一年的坚持下去。

3. 自律，是一场自己与自己的博弈

自律，归根结底，是一场自己与自己的博弈。

自律，之所以很难，是因为懒惰的诱惑太大，躺在沙发上看剧很舒服，抱着手机刷微博也很惬意，可这种短暂的欢愉其实是一种变相的沉沦，带来的只会是思维的迟钝、身体的病痛和心灵的荒芜。

懒惰的人，在长期的安逸里会愈加得过且过；拖延的人，会习惯找各种借口来安慰自己；饮食不规律、作息不定时、人生无规划的人，会在工作上频频出错，在生活里烦躁不堪。

萧伯纳说："自我控制是最强者的本能。"那么它的反面，不能自我控制的人，最终必将失去这个世界。

每个人的一生，大抵都会追求一些美好的理想，比如成名、成功、得偿所愿，再比如心安理得、平安和顺、爱情圆满、财务自由。

而这一切，必须以拒绝放纵的诱惑为前提，建立良好的日常行为习惯，真正做到自律自省后才能获得。

人人都想要自由，但自由并不总是好事，尤其是当我们并非真正理解自由的确切定义时。在对自由的理解上，康德的认识是非常值得借鉴的，他说："自由，不是随心所欲，而是自我主宰。"

而自律的意义，正是促使你约束自己，收敛和更改毫无节制的放纵，凭借强大的意志力与坚持，去制定一套属于自己的做事原则，去建立稳定规律的节奏和秩序，只有这样，一个人才能获得真正的自由，这种自由，不仅包括财务自由、事业自由、精神自由、生活自由，甚至包括你的爱情和婚姻自由。

拥有了这些自由，当你面对挫折、困难、失望甚至绝望时，才能够有所依靠，支撑你去正面思考和解决问题，获得人生中更多的主动权。

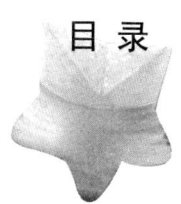

目 录

第一章 一切落实不到具体行动的"打鸡血",都是耍流氓

认真生活的人,生活绝不会亏待你 //002

我害怕一无所有,但我更怕抱憾终身 //008

一切落实不到具体行动的"打鸡血",都是耍流氓 //014

越不合群,越不可能优秀 //019

你焦虑,是因为觉得别人赚钱都很容易 //026

想要不焦虑,先把生活过规律 //031

20岁不努力,30岁等着哭 //036

趁年轻多努力,年龄越大越撑不起你的不甘心 //042

思维方式决定你10年之后是人物还是废物 //048

你在原来的领域风生水起,换个战场,还行吗 //054

你有多自律，就有多自由

第二章 人生不只要会做减法，也要会做加法

年轻的时候，到底应该成为一个怎样的人 //060

与世界和解，是人生的必修课 //065

如果连"赚钱"也要别人催，那你一辈子也就这样了 //071

高等学府的文凭，能为人生带来怎样的可能 //078

你以为加个班失个恋就人生艰难了？难的还在后边 //084

谁不是一边拼命赚钱，一边矫情地渴望尘世温暖 //089

有一种能力，叫和气生财 //093

任何事只有三分钟的热度都是不行的 //098

人生不只要会做减法，也要会做加法 //106

论有效沟通的10086种方法 //113

第三章　一个人的教养，藏在细节里

我们不是一个朋友圈的人 //122

你嘴里的人生，就是你以后的人生 //128

你的状态，取决于你的心态 //133

我攒了三十万，要不要买房子 //137

那些贪图小便宜的人，后来都怎么样了 //142

一个人的教养，藏在细节里 //148

越成熟的人，越明白得理要饶人 //153

从前喜欢谈情说爱，后来一心只想发财 //158

成年人的游戏规则，你做到了几条 //163

什么是勇敢？不要回头看 //171

你有多自律，就有多自由

第四章　换一种心情，转身遇见另外的人生

下班之后，你愿意回家吗 //178

仅展示最近三天状态的微信朋友圈 //183

有一种朋友，交往起来特别累 //190

就算是最好的朋友，也没理由陪你一起悲伤 //196

自由恋爱与相亲的区别 //202

婚姻里最伤人的，并不是出轨 //210

"我得了癌症，你一定很高兴吧？" //215

我像你一样年轻时，也喜欢过坏男人 //223

他爱不爱你，你心里没数吗 //230

一个女人的温和，在婚姻里到底有多重要 //234

不结婚行不行？行，你想清楚了就行 //240

换一种心情，转身遇见另外的人生 //247

第一章

一切落实不到具体行动的"打鸡血",都是耍流氓

你有多自律，就有多自由

认真生活的人，生活绝不会亏待你

1. 认真学了本事，就会带来好运

同学群里组织聚会。

谈及将要聚会的城市以及酒店住宿和出行工具，不常发言的韩同学——曾经的学习委员整理了一个文档过来。

打开一看，发现韩同学心思细腻，思虑也周全。

首先，她总结了群里大部分同学所在的城市，给出每座城市与聚会地点的距离和乘坐交通工具的时刻表。

再次，她分列了几个当地同学的时间安排，以及能够提供的车辆。

然后，她选出有代表性的几家酒店，并标出星级、价格和住宿环境。

最后，她把聚会暂定场所的平面图发了过来，并表示她会联络广告公司，制作适合久别重逢的主题与现场布置。

第一章
一切落实不到具体行动的"打鸡血",都是耍流氓

由于是 AA 制,她还推荐了几个同学,分别作为"财务人员""后勤小组""食品酒水负责""报名联络人""文艺节目统筹"等负责人,以求分工明确,办一场热闹温馨而不是混乱无章的同学聚会。

这个时候,你就会发现,当年老师指定班级管理人员的时候,如今推选负责聚会事宜人员的时候,那些安排都是有道理的。

不是每个人都能把事情办理得有条不紊,也不是每个人都可以对待身外之事如此认真。

韩同学已是外企的管理层人员,手中握有大把公司股票及年底分红,事业有所成就。这些小事,本不必她来做,但她做了,并且有条有理,这是她做事认真的态度,也是待人接物的素养。

早些年,她报了书法社团。本来一起报名的同学也是误打误撞,随意写了个名字凑数,也没见谁就去认真练习毛笔字,谁想她却并不敷衍,能参与的课程绝不偷懒,有空闲的时候便独自练习。

那会儿我还调侃她道:"论一个业余书法练习者是如何逆袭的。"

有同学也说:"不是专科出身也成不了书法大家,练来有什么用?"

她只是笑笑,轻轻柔柔地说:"就是想着既然报名了,就认真做好这件事,闲着也是闲着。"

后来，她的毛笔字练得苍劲有力、雄浑大气，连教导主任都夸赞过；再后来，听她婉转提起，公司领导对传统文化颇为推崇，对她懂得书法这事儿很有些敬意。

诚然，她能够做到今天的位置，与平日里的工作态度是分不开的，但最起码，是她认真做事所带来的好运。

你认真学了些本事，这些学到的本事才能变成你的敲门砖。

2.改变，从每一件细微的事开始

记得年少时，很羡慕那些活成了电视剧主角的人。

他们事业成功，朋友众多，有钱有权，有名有利，有爱人，有生活情趣，转身之间，权倾天下。

身为主角，有人烽火戏诸侯，逗她一笑；有人一掷万金，换她一面，她拥有你此生都无法企及的公主命。

而这些，都让身在泥土之中的你望尘莫及，你渴望着那种生活，却不知道该怎么做。

于是，你一边艳羡，一边抱怨。

但有人与你不同。

他也同样羡慕，但又不只是羡慕，他还要改变。

怎么改变？从每一件细微的事开始。

真实的生活中，本不可能像电视剧里一般，时刻生离死别，随处轰轰烈烈，而是裹着琐碎的鸡毛，徒增你的郁郁不得志。

与你不同的人，不同之处就在于，他能够将这鸡毛扫净，给自己一个太平，他认真做好手中的每一件小事，不为此看不起，不心生抱怨，他把每一段时光都看成磨炼。

你不屑于做的事，他认真做。

你不愿改变自己的懒惰，他却每天早起。

你不肯加班为公司多尽一分力，他却出色完成所有被交代的任务，还额外帮助了同事。

你不喜欢考英语四六级，随意放弃，他自学成了英语教师，又多一份津贴。

你不愿意工作之外充充电、多学习，他珍惜所有能提升自己的机会，无论免费的还是自费的。

尽管他走得很慢，却每一步都铿锵有力，每一次成长，都让他站在了更高的位置上。

于是，他超越了你。

3. 真正难的，是习惯，是态度

有个姐妹皮肤特别好，是真的可以用上"肤若凝脂，吹弹可破"这种词来形容的。美好的事物让人羡慕，我称赞她，她却笑言："看来日常保养起了作用，也不枉费我每天那么辛苦。"

单说她每晚的护肤程序，确实辛苦，卸妆、洗澡、吹头发、蒸脸、用美容仪清洁、敷面膜、提拉脸部、冰镇毛孔、做手膜……

这一系列程序日复一日地做下来，我是坚持不住的。

她坚持住了，所以她的皮肤，哪怕不化妆，也水嫩水嫩的，30岁的人，看上去像个大学生。

其实她以前的生活也粗糙过。

仗着年轻，对护肤不甚在意，卸妆也是马马虎虎，早饭从没有按时按点地吃过，要么暴饮暴食，要么专喜欢麻辣烫方便面这类垃圾食品，打着手电筒熬夜看小说，三五天不洗一次头，大好的青春，全都给了蓬头垢面。

你不认真对待自己，你的皮肤、身体、能力、学习成绩、工作……都不会认真回报你。

她因为长期脾胃不和，导致口臭，皮肤暗黄，头发枯草一样，眼睛近视到八百度。

真的不漂亮。

没有男生追求，连自己都不喜欢这样的自己。

反过来说，每天的护肤很难吗？不尽然，烦琐肯定是有的。

但当你知道，这样的付出一定能带来回报的时候，你不会觉得累，更不会觉得难。

真正难的，是那些因为自制力养成的好习惯，对生活热爱所练就的认真态度，以及你那颗不甘于现状的心。

4. 人生，拼的是对生活的态度

第一章
一切落实不到具体行动的"打鸡血",都是耍流氓

其实我们这一生,拼的是对生活的态度。

有次与因写文章而交心的好友 Popo 聊天,谈及生活,我说心态对了,就不会为难自己,认真过好当下每一刻,是一种本事。

她也表示同感,认为我们享受其中就好。

当你开始对生活认真的时候,你就会明白,一朝一夕的时光有多么重要,简直不够用,你完全不会有时间怨天尤人,你只会对生活一点一点充满敬畏。

这是生活给予我们最大的公平,把握得好,就是机遇,把握得不好,就会一手牌打个稀烂。

保持认真的样子,这会促使你走上坡路,促使你完成自我的蜕变。

这将是生活所给你的,最大的馈赠。

你有多自律，就有多自由

我害怕一无所有，但我更怕抱憾终身

1. 大不了就是一无所有

燕子辞职了。

说起辞职，有的人会提前找到下家，给自己留好退路；有的人被猎头直接挖走，去一个更大的平台，致力于发散耀眼的光芒；还有的人能力超群，无论从哪块板上跳，都有公司等着接收。

燕子这几种都不属于，首先，她是裸辞，没有下家，没有计划，没猎头抛橄榄枝，也没有更大的平台在等待她。

其次，她手里所拥有的客户资源，在新的领域完全不适用，所以再强的能力也会遇见短板，而无用武之地。

燕子之前的工作是银行柜台经理，就我所知道的，她工资还可以，待遇不错，朝九晚五，关键是稳定有保障：比如持续的保险和几十年之后的退休金。

看起来也是一副岁月静好、现世安稳的模样，然而她说："这种日子过得了无生趣。"

燕子的梦想，是做一个独立行走的摄影师。

燕子对摄影痴迷已久，真正踏入这个领域却属于半路出家，毕竟作为爱好去拍与作为职业去拍，是不一样的，但她挺有天分，拍出来的作品还被几家本土杂志刊登过。

她平时只要有时间就会带上相机，四处行走，大大小小的城市去过不少，弯弯曲曲的路走过良多，一棵草、一朵云、一次牵手和接吻、一场繁星和夜空，都成为她眼里的风景，并且，她还在后期自学了各种修图软件，她预备自由行走两年，两年之后积累经验和资源回来开工作室。

"但前期挺苦的吧，虽然有编辑认可你的作品，你也能拿到一些外快，可这暂时还不能养活你啊！"这一刻，我承认自己是传统的、保守的，我总担心她离开银行选择摄影会得不偿失，如果因此一无所有，如果前路漫漫她的热情遭遇冷漠和达不到预期的回报，她一定会备受打击。

"可是啊，"燕子说，"大概是文艺片看多了，对于那些勇敢的人抱以了巨大的羡慕，你说的这些，我都考虑过，大不了就是一无所有。"

"但是，亲爱的，一个人可能也就活七八十年，你说我们为什么要压抑地活一辈子呢？现在，我才二十几岁，如果我不去闯一闯，如果我不做一点自己喜欢的事情，等到三十多岁的时候，

你有多自律，就有多自由

我已经结婚生子了，到时候会忙着看育儿书研究奶瓶纸尿裤，给孩子报特长课培训班，体验上有老下有小的压力感和无助感，说不定还会应付中年危机，比如人老珠黄，比如老公出轨，到那个时候，我早没力气折腾了。你说，我为什么不趁着有精力的时候，过得有活力一点呢？"

"我不想几十年如一日的，对着前来存款的客户说：您好，请问要办什么业务？"

2. 因为担心失去而放弃的后悔

人生是不能回头的，只能一路往前走。

走着走着，可能就会发现，有些事情还没做过，有的是来不及，有的是明明来得及却眼睁睁看着自己错过，从此，只能在回忆的时候对自己说："好遗憾啊，当年因为担心失去一些东西，硬生生放弃了另一些。"

可是，当年担心失去的那些，如今也并没有成为自己身上的盔甲，反而使得自己的悔恨愈加明显。

不得不承认，燕子是对的。

在20多岁没有努力过的事情，30多岁的时候想起来，一定会后悔。

想起《七月与安生》里的七月。

她一直按照父母的期望活着，餐桌上保持礼仪，成绩单上永远是最好的成绩,她活成了一个真正的、温和有致的标准乖乖女,但她向往安生洒脱不羁的生活,她渴望那样的自由不被束缚,她遗憾着不能像安生一样恣意地打量这个世界。

这种遗憾,让她在挣脱的时候,抱了鱼死网破的态度,她对苏家明说:"我不想跟一个不够爱我的男人过一辈子。明天结婚,你别来了,只有这样,我才能名正言顺地离开这座城市。"

与其说她对苏家明死了心,不如说,她是对这种无望的生活死了心,她那么担心失去,最终还是失去了。她努力去走未走过的路,去长未长过的见识,去遇见更多美好的人和事,她开始笑得很开心,可是,还没来得及继续这一切,她永远地活在了27岁。

如果七月知道会是这样的结局,过去的那些岁月,一定不会压抑着遗憾过日子吧。

3. 从头开始,怕不怕

无论改变,还是不改变,都需要莫大的勇气。

我是半路换城市的。

那年,我也是20多岁,儿子即将入园,老公在国企拿着不错的工资,固定朋友不少,三五天不时小聚一下,除了北京高昂的房价和经常的堵车,一切都是喜欢的模样。

从京城撤退,回到沿海城市创业,等于一切从头开始。

要重新开始结交一些新朋友,去熟悉每一条不认识的街道,去研究附近的幼儿园哪一家更好,去百度这座城市有没有合适的亲子去处和漂亮的花园。

更重要的一点,创业是需要投钱的,银行卡里的余额也许会越来越少直至没有,想买的衣服和包?一直在心里不能变现。

这不是勇气的事儿了,而是一种孤勇。孤独像一颗种子,在漆黑的夜里发芽,一无所有的日子仿佛也不远了,就等着现实嘲笑我:当初那么多的筹码不要,如今输得一败涂地了吧?

秦先生曾问过我:"从头开始,怕不怕?"

我说:"怕啊,特别怕,你知道多愁善感如我,受不了孤单和失去。"

可是啊,我更害怕多年以后的我,对着相框里的自己说:"你看看你,活得那么憋屈,都没能认真地做一个自己喜欢的决定,既然喜欢面朝大海春暖花开,为什么还要在别人的期待里忍受大都市的雾霾?不是每个人都对北上广有着深刻的热爱,至少,我知道自己不是。

时至今日,如果秦先生再问我怕不怕,我依然会心有余悸地说:"怕。"

但转过身,掩藏起害怕,我仍旧会对他说:"既然有'择一城终老,携一人白首'这么一句,那我们就去实施吧,选择喜欢的城市,过着温暖的生活。"

是的,我害怕一无所有,但我更怕抱憾终身。

4. 愿你活成自己想要的样子

年长的人，或多或少地都喜欢稳定。

因为年纪大了，折腾不动了，懒了，没有过多的精力耗在一些可能看不到回报的事情上，因为虽有铠甲在身，却也有软肋：你不知道父母哪会儿会生病，不知道孩子的教育会遇见什么样的金钱考验，你想着稳定挺好的，就这么日升日落地过一辈子吧。

你开始有啤酒肚，你在小区的花园里遛弯，也不愿跑上几公里；你在一家单位待了好几年，想着继续待下去，就可以在60岁的时候领到退休金。距离60岁，可能还有不到30年的时间，可能20年，可能15年，你说，还有这么点时间了，折腾什么？

趋安稳避流离，是人的本性，可是你却总在照镜子的时候，做梦的时候，与人聊起年轻的时候，后悔那些错失的机会，你本可以不用过这样无趣的生活，你本可以在20来岁的时候，改变命运的轨迹，让自己年长之后，不必后悔的。

如果还年轻，还想要闯一闯，体验不同于现在但让你心生欢喜的人生，也不要怕，努力一回，才知道哪条路是适合自己的。

这样，多年以后，经历会作为成长的一部分，刻进年轮里，印在血脉里，成为你的骄傲和奖章。

人生就是一场又一场的改变和别离，希望我们再相遇的时候，你已经活成了自己想要的样子。

你有多自律,就有多自由

一切落实不到具体行动的"打鸡血",都是耍流氓

一个二十几岁的年轻人说,他读了很多励志成功学的书,还跟风报了一些学习课程,大大小小的讲座也听了不少,周末休息时间经常都会安排满当。

倒也不是特别故意把自己整得异常忙碌,只因为他是个慢性子的人,适合被动型学习,钱花了,课是一定要上的,被人推着走,能走远也是好的。

况且,每次听励志讲座,他都觉得有所收获,浑身打满"鸡血",觉得人生有了方向和希望,振奋不已。

然后也会在朋友圈发一些励志文的状态,以各种社交软件打卡,各种截图表决心等花式行为激励自己。

如此,持持续续地也坚持了两年,但他发现,钱花了,时间花了,却一无所获。

工资没有翻倍,也没有数以十万计的年薪,更加没有升职到管理层,一切都是老样子。

第一章
一切落实不到具体行动的"打鸡血",都是耍流氓

他想不明白,为什么大好青年如此努力了,成功却总不来报到,他的耐心都快被磨平了。

我其实对他是否按照学习课程严格要求自己,保持了一定的怀疑,因为靠一时热血支撑的人生,本身就存在一定问题。

首先,当你进入某个课程学习的时候,打卡一定不是目的,学到本领才是目的。

如果你自制力不强,可以尝试在社交软件打卡以此来监督自己,但你要知道,一切落实不到具体行动的"打鸡血",都是耍流氓。

写一段激励自己的话很容易,仅仅为了完成任务而随便截个图打卡很容易,凭着一腔热血制订出十年规划也很容易,但真正落实到行动,并从中学到实打实的本事,并不容易。

前不久网络流行做事要有仪式感,因为仪式感会帮助我们建立起规律的生活,从而起到积极的作用。这是对的,但注意一定不能矫枉过正,或者本末倒置。

无论给自己制订计划,还是"打鸡血""灌鸡汤",这些仪式只是开始,千万不要觉得完成了仪式,你的使命就完成了,仪式是做给别人看的,有没有学到内容,只有你自己知道。

其次,一个人成功的首要条件,不是靠着"鸡血"的短暂兴奋和冲动,而是持久、稳定、理智的人生规划和清晰目标,输出与输入平衡。

你有多自律,就有多自由

也就是说,你不能今天听了成功励志学讲座,就觉得豁然开朗,然后坐在桌前通宵读书学习研究考证和升职,但接下来的几天又恢复玩游戏刷微博熬夜。间歇性兴奋努力,长期懒惰逃避,最要不得。

真正能够成功的人,生活一定是规律的,学习一定是持续的,比如每天拿出一个小时读书,一个小时健身,早起背十个英文单词,睡前研究下行业动向,雷打不动。

再比如定期进行工作总结,分析自身缺点和优势,按照制定的目标分解,按时有效完成自我规定的任务。

虽然缓慢,但每天一点不中断,就是最好的行动。

我有个四人的闺密群,我们约定好每天打卡减肥,我练习天鹅臂,主要为了瘦锁骨,其中两个跟着视频练习如何瘦腿,另外一个练瑜伽为了收腹。

内容不同,但本质相同,那就是要每天坚持,才能见到效果,不能中断,不能糊弄。因为减肥这种事儿,有没有效果是显而易见的。

我们约定好之后,没有人打卡,但每次聚会见面,大家都要秀一秀最近的变化,彼此闹着笑一番,又鼓鼓劲儿说回家继续练,等下次见面再看。

所以说光有兴奋是不行的,光有打卡的仪式感也是不够的,最重要的还得是坚持,是日积月累。

再者，其实励志鸡汤非常有好处，人都是在接触到新世界、新三观、新事物的时候，才能发自内心地进行自我变革，而励志鸡汤便有这一功效，它促使我们拓宽思路，转换思维模式，重塑某些过去执着的理念。

但灌输"鸡汤"之后怎么办？三天打鱼两天晒网？只靠嘴上说说却依然早晨不起晚上不睡？热烈地宣扬口号和语录，嚷嚷着年轻就该闯荡折腾，转身却通宵打游戏？

一女生，早晨在朋友圈打卡早起的视频，晚上在朋友圈打卡晚跑的路线，美其名曰要做自律达人。

她真的一直这样自律吗？事实是，她确实早起了，但她连半个小时都没扛住就去睡了回笼觉；她也真的夜跑了，就那么两三次，被她拿出来念叨了好多天。

她热衷于在朋友圈立志向，其实也在期许得到他人的肯定和赞扬，至于最终有没有实现自己的志向，倒成了次要。

热血坚持不了三天，似乎是我们大部分人都遭遇过的瓶颈，有时候回头看看自己曾立过的誓言、愿望和目标，也颇有悔意，如果当初再坚持一下就好了，可当初，我们确实是轻易地就放弃了。

其实一个成熟的人，不一定有那么多激动的时刻，但他们一定懂得认清自己的现状，将励志宣言带来的情绪，转化成此刻的行动，踏踏实实每天努力。

不患得患失,但也绝不随意中断,更不会因为懒惰、情绪不稳定而拖延。

当你想要做成某件事的时候,不要瞎嚷嚷,也不要吹牛画饼,你要学会冷静,学会默默地去执行、去实践。这是一个很漫长的过程,需要挨住寂寞和无聊,抵挡吃喝玩乐的诱惑,才能一点点看见明亮的前途。

为什么你看了那么多"鸡汤文",你营造了那么多打卡仪式,你每天给自己定很多个口号,却总也无法成功?甚至你不得不抱怨,是不是怀才不遇,是不是注定这一生平庸无为?

一个人频繁立志却总不成功,必然是因为掺杂了太多的浮夸表演,而不是坚持;太多的空想,而不是行动。

做出决定的时候并不难,难的是把时间真正有效利用起来;读一篇好文章受到鼓舞易,难的是你把这些信息化作对自己有用的力量,去努力强大起来。

越不合群，越不可能优秀

1. 关于"优秀的人都不合群"

有个读者关注了我的公众号，一来就提问：你们写文章的不是总说优秀的人都不合群吗？不是老劝人要放弃无效社交吗？为什么我这么做，却得罪了很多人？我现在连工作都没有了。

我有点哭笑不得，想着他是不是误会了什么，便追问怎么回事。

这位读者才毕业不久，在一家还不错的互联网公司实习。

其实按他所说，他是个挺上进的年轻人，会主动加班，对领导安排的临时任务毫无怨言；也能积极思考，偶尔在会上提出些不错的可行性方案。

但他有个致命的缺点，那就是不合群。

公司聚餐，他从来不去，他说自己不喜欢这样的场合，觉得非常浪费时间，一群人整日在公司见面还不够吗？还要把下班的时间也用来聚餐，他宁愿在家玩几局游戏，或者看两部电影。

朋友组局，他也拒绝，认为这属于无效社交，朋友嘛，需要帮忙的时候打个电话不就完了？不是都说真朋友不一定常联系吗？好哥们不拘小节，心里有对方就行了，不用整天组局喝酒侃大山。

他对公司里任何跟老板或上司走得近的同事，都不屑一顾，并极力保持距离，他说这就是典型的溜须拍马，没有能力的人才会这么做，太虚伪。

他喜欢独揽项目，喜欢自己熬几个通宵去完成方案，却不愿意跟同事们互通有无。

有同学找他合作一个新型项目，同学家庭条件非常不错，手里有大把资源，并且看中他的能力，就想着两人合作，同学出钱和找资源，他出力，共赢，多好。

但他连项目的招标方案都没看就拒绝了，也不知道究竟是怎么想的，觉得这种路子的合作辱没了自己的才华。

就在他拒绝这份合作没多久，老板找他谈话，劝他要么转岗要么离职。

于是他关注我公众号之后就爆发了，一连串问题发过来询问我，既然合群是可耻的，不合群是优秀的，为什么他却总是怀才不遇？

听着他"举世皆浊我独清"的论调，我简直要把"合群"这个词加入黑名单了,你实在不必以清高为荣。

2. 任何工作都需要沟通和交流

说真的,我自己也写过放弃无用社交的体验,我也坚持认为,有些人的不合群确实成就了他。

但这位读者的经验,其实完全跟"合群"这个词无关,他错误理解了合群的含义,执拗地认为自己是独一无二的,不得不说,他身上带着"愤青"的影子。

他以为,积极表达自己的想法就是张扬高调,跟领导相处愉快就是溜须拍马。他以为,别人做什么都很俗气,自己的想法才最与世无争,于是坚持特立独行。

他拒绝合作,拒绝拓展工作思路,拒绝同事之间的人际关系,并为此沾沾自喜,觉得自己做了件正确无比的事情。

其实他之所以不合群,并不是因为他多么高尚,而是他没有合群的能力。

这世上从来没有不加班就能够升职加薪的工作,也没有不跟同事和领导交流就能够完美出色完成工作任务的人,任何工作都需要沟通和交流。

公司的工作环境就是江湖,除非你是爱迪生、梵高那样的天才,仅凭着超高的智商和灵感就能创造奇迹,否则,大多数人在职场中拼的,说到底都是情商。

你有多自律，就有多自由

闭门造车正是最大的误区，这个社会最有效的晋升途径，是合作，越优秀的人，越能够跟其他人进行有效的沟通；越能够带来思维碰撞的人，也越能让别人看到自己的价值。

人际关系越顺，人脉资源越广泛，机会才越多，成功概率才越大，单枪匹马的闯荡太单薄，无法助你成就事业，反而是抱团取暖，才有可能杀出重围，因为资源带来资源，机遇带来机遇。

朋友正哥是做银行保险的，在他这里理财的客户，大多都与他维持着不错的关系，并且常常帮他介绍新客户，他得到了更多人的信任，业绩直线上升，做这份工作不到一年，就买了房子换了车子，很是令人羡慕。

我有段时间无所事事，就去跟他学习如何理财，听他讲了很多，见他做了很多。我发现他的成功，并不是靠一门心思钻研技能研究人群特点，而是因为他经常能够创造共赢的局面。

举个例子，比如客户A做生意，需要某种产品，正好客户B就是从事这个行业的，他就会介绍彼此认识；再比如他觉得可能会性格投缘或者生意上有共通的人，他也会组织大家聚聚。

时间长了，很多客户都在他这里结交到了新客户，于是也更加信任他，不得不说，他确实是与人方便，自己方便。

你可能会说，他这就是靠着能说会道八面玲珑，跟客户搞好了关系，太有心机了。

说实话，谁出来工作不是为了拓宽职业范畴，增加待遇收入呢？何况正哥的初衷就是为了帮助别人，是因为他热心，喜欢交朋友，才得到了更多的朋友。

不仅仅是客户之间，在银行工作人员那里，他也是有忙必帮，他在银行有个单独的座位，其实他不属于银行，而是属于保险公司，但他跟银行的工作人员相处得像是一个部门那么亲密，所以有时候遇到咨询理财产品的，工作人员都会帮着多说几句，推荐正哥的理财产品。

他帮助别人的同时，别人也会反过来帮助他，合群的人，总能找到同类，互惠互利，互帮互助，何乐而不为呢？

3. 有选择性地合群

那些不合群但很优秀的人是什么样子的？

其实，他们并不是不合群，而是有选择性地合群。

他们也参加聚会，不过都是选择适合自己的，能够为自己带来成长和帮助的，而不是任何聚会都参加，只要是促进自我成长发展的，那就不是无用社交。

他们也会积极拓展人脉圈子，只不过他们不会滥用人脉这个词，他们懂得个人力量局限性大，更会运用有效的人脉。

他们内心有清晰的底线和明明白白的原则，无视这些原则底线的人，会被他们拉进黑名单，但尊重他们原则的人，必然也会

你有多自律，就有多自由

得到他们的尊重。

他们也绝不会自高自大，目中无人，反而是更谦卑，更懂得与人为善，与自己为善。

但无论哪一种，都充分表明了，他们具有合群的能力，只是选择了看似不合群的方式。

有的人过度解读不合群的概念，认为合群就是一群人看似狂欢的孤单，认为就是被同化，再也不能做自己，于是离群索处，自以为独特而清高，实质上真的是走偏了。

作为群居动物，人类是需要朋友的，难过的时候需要有个人可以倾诉，受伤的时候期待有人能给个拥抱，甚至堕落的时候也渴望有个人拉自己一把，这些素日生活里的寻常烟火，有让人感受到温暖的魔力。

个人能力重要，但不是唯一，想要有作为，靠自己单打独斗是不行的，抱团合作才是良策。

无效社交是指那些既不能给你带来成长，也无法让你感到愉悦的圈子和人，是指你纠结群聊里该用哪个表情，小心翼翼地解释别人对你的评论。

所以真的不必过于偏激和极端，如果你能够融入合适的圈子里，你会发现合群是一件令人身心愉悦的事儿。有的人带来职场和事业的拓展，帮助你变得更加优秀；有的人引领眼界和思维的广度，让你眼光独特、品味卓越；还有的人带来生活中柴米油盐的愉悦，解除你的孤独，让你觉得生而为人，是件幸事。

世界是多维度的，不是闭目塞听，更不是以偏概全，你不要把自己锁在一个很小的天地里，坐井观天。

你有多自律，就有多自由

你焦虑，是因为觉得别人赚钱都很容易

回以前工作的城市办事儿，久别的朋友小许约我吃饭。

其实老友叙旧，话题不过还是那么多，原来的朋友圈子，怀念过去，聊聊现在，展望未来，这顿饭也就算结束了。

真的许久未见了，以至于我对他的印象还停留在几年前，大大咧咧的性格，开怀爽朗的笑，还有豁达的样子。

可眼前的他，分明不一样了。

他说十句话，有一半时间在叹气。

提到旧时朋友，有的已经创业成功，在这个全国政治文化中心，有的在上千万人的一线大城市里，买了房，有了车，基本步入中产阶层。

有的嫁了豪门，不愁吃穿，隔三岔五就去欧洲扫货，朋友圈里尽显优越感。

还有的凭借优秀的业绩和出色的管理才能，跻身公司管理层，奖金丰厚，年底有了分红，事业生活一派欣欣向荣。

第一章

一切落实不到具体行动的"打鸡血",都是耍流氓

但相较于这些老朋友的飞速发展,小许可以说如同蜗牛一般缓慢了。

他没换过工作,薪资只翻了一倍,鉴于这几年物价的上涨幅度和房价的居高不下,他这翻了一倍的工资实在不值一提。

所以他非常焦虑。

一会儿诉说自己这些年的不容易,叹息为什么机会从不垂青于自己,一会儿又觉得孤独是人生的宿命,尽管对他几近严苛了些,一会儿又猜想别人到底有什么秘诀,如此轻易扶摇直上一日千里。

他大口大口地喝酒,不断问我,他这么丧气这么失落该怎么拯救。

其实我们每个人,都有过这种时刻。

总以为身边人是一夜之间赶超了自己。

你看他,怎么突然之间就身家数百万了?

还有她,感觉昨天还在开手动挡经济型车,今天就开上越野了?

还有他,不是才念叨要创办公司没多久吗?现在居然都招聘十几个人了……

为什么一夜之间,同一起跑线上的人,都越过了自己,化身成功人士的典范,只有自己,被遗落在原先的跑道上,一脸迷茫。

其实不是的,你只知道时间飞快,但你不知道,在看不见的

你有多自律，就有多自由

时间里，那些成功的人都做了些什么。

他们并不是一下子成功的。

也许在你 KTV 连续飙歌一个星期的时候，也许在你每晚睡前刷朋友圈的时候，他们靠着加班积累了工作经验和职业技巧。

也许在你小心翼翼极力保全这份死工资工作的时候，他们已然成为斜杠青年，随时准备好跨行，转身，再次出发。

也许在你为了小情小爱闹些小情绪的时候，他们已经战胜了情绪失控，完成了情商和智商的初步融合，做了大胆而正确的决定。

又或者，在你呼呼大睡的早晨，他们已经研究完一门新课程，保持了随时充电和前进的能力。

没有谁的成功平白无故，也没有谁一夜之间完成所有的资本积累，他们都经过了反复斟酌，厚积薄发，在你不知道、看不见的时间里，他们努力着，辛劳着。

所以几年之后，你看到了他们的优秀、能力、资源、金钱、权力……你看到的时候，发自内心地羡慕和嫉妒，你以为这只不过是他们运气好，不过是遇到了风口和机遇，不过是时势造英雄。

可是，动荡年代不止一次，为什么只有刘备、曹操、孙权鼎足而立？但凡能够撑得起大局的人，无不经历了卧薪尝胆，修炼出足够的能力，才能在时势里应运而生。

有个一起写作的朋友，总是焦虑，为什么别人的公众号越做

第一章
一切落实不到具体行动的"打鸡血",都是耍流氓

越大,为什么别人的书已经卖到百万册,为什么别人成立公司融资招聘都是分分钟的事儿……

他说,尽管懂得那些成功的自媒体人承担着数十名员工的工资待遇,团队经常为一个标题争论数个小时,为一个论点熬通宵,周末要随时待命,约稿根据客户需求修改数十遍,但仍旧愿意享受这种烦恼和忧愁。

于是他问:"通往这种烦恼的路径,是否便捷,是否轻快,是否有速成法?"

根本没有。

只看到他们赚钱的光鲜,哪怕连烦恼都是高级的,可这些光鲜,也经由了数千日夜的写作积累,数万字的打磨雕刻,才能够持续不断地输出作品,才有了后来字里行间的行云流水,才有了风口顶端的洞察先机。

也许是性格适合,也许是人脉广泛,也许是知人善任,也许是胆大心细,或者善于变通,但终究是能力成就一个人,才华承载梦想,而不是本末倒置。

这世上固然有幸运者,不费吹毫之力就能进阶更高层的人生,但名额有限,普罗大众,仍旧需要日积月累,成功之路没那么容易走。

一个人的焦虑,是因为他只在意别人成功之后的果实,却从不真切懂得别人为之拼命的过程,可高楼叠起不是少顷半刻,终

你有多自律，就有多自由

归是日复一日年复一年，即便风吹日晒，也得坚持和泥上瓦，一层层，一幢幢，同样的，十年磨一剑，这世上从来没有一步登天。

与其把时间浪费在渴望名利放弃学习，或者见钱眼开放弃读书这种事情上，还不如想一想自己擅长什么，有没有发展空间，能不能坚持下去。

成功者与止步不前的人最大区别就在于，前者从不把时间浪费在考虑外在因素的干扰上，只一门心思地攀登和挑战，而后者总是眼高手低，一边不努力一边可劲儿焦虑，最后还把这种焦虑归结在怀才不遇上，一心认定自己是千里马，还没遇到开发自己潜力的伯乐。

然而时间是最好的检验，你有没有才华，一试便知。

当你焦虑的时候，不妨想一想，是什么阻碍了你今日的成功？也许是因为，过去的时间里，你没有认认真真地去努力，尽管努力不一定会成功，但至少会让你明白，人的焦虑大多是在攀比中自寻烦恼，若你真要消除这种焦虑，你需要通过不断进取让自己强大起来。

只有你足够强大的时候，你才能体谅创业的艰辛，成功背后的付出，才能彻底明白这世上没有免费的成功，每个人都有他的不容易。

第一章
一切落实不到具体行动的"打鸡血",都是耍流氓

想要不焦虑,先把生活过规律

1. 怎么缓解焦虑

一姑娘微信问我:"卡西姐,你知道怎么才能缓解焦虑吗?"

她表示,已经失眠多日,总忧心忡忡的,其实也不过是生活中的寻常事情,却让她揣度出很多悲观的念头来。

她的焦虑体现在两方面,一是对他人的嫉妒,二是对自我状态的不满。

她眼睁睁看着自己的好姐妹嫁给了有钱人,而她却只拥有一个朝九晚六、拿着死工资、一眼可以望到退休的男朋友,焦虑。

她也想努力多充电多学习多提升专业技能,却苦恼着还没来得及实施,就被公司新来的小丫头抢了风头,她的失误对比小丫头的志得意满,焦虑。

她整日刷微博刷那些激励人心的段子,却没有得到什么实质性的帮助,第二天醒来依旧茫然四顾,焦虑。

于是，她变得越来越沉默，她甚至觉得，未来没有希望了，焦虑已经把她压垮，她不知道该做什么，能做什么，可以做什么，真是吃不好，睡不着，忧心不已。

我问她："你周末都怎么安排？"

她说："也没什么特别的安排，因为一醒来就觉得心情不好，索性睡到中午了，躺在床上玩玩手机，或者跟朋友去逛街，吃吃饭聊聊天，周末也就过完了。"

我又问："那你说的充电计划开始了吗？"

她说："没有，我不知道该怎么开始学习，我都离开学校那么久了，注意力集中不起来，学不好。"

她问我："你觉得，我是不是该看心理医生了？"

我叹气道："其实你这种'病'很好治，不用看心理医生，你把生活过得规律些很快就好了。"

她不信道："有这么简单？"

2. 内心虚空的人最易焦虑

你知道什么样的人最容易焦虑吗？

内心虚空的人。

当一个人，没有家庭的爱、金钱、知识、能力、自信来傍身的时候，他就会轻易地被打倒，他急切地想要得到这些，恨不得一夜之间，生活翻转过来，然而午夜梦回，却发现一切只是一场

第一章

一切落实不到具体行动的"打鸡血"，都是耍流氓

空，他得不到。

求而不得，最折磨人。

如同开头那个姑娘一般，一边担忧着现在与未来，一边刷微博刷到深夜。

她既没有将时间用在提升知识和技能上面，也没有去做些可以让自己获得更多爱的事，她黑白颠倒，举步不前，浑浑噩噩，只沉浸在"熬夜的危害特别大，我只好通宵了"这种段子里，靠着深夜的臆想和第二天的日上三竿度日。

内心的空虚，必然越来越重。

身心失去支撑，自然只剩焦虑。

这种焦虑，也不过是才华配不上野心的另一种版本罢了。

其实我们大部分人都在不同程度地焦虑着，区分开这些人层次的重要一点就是：

有的人，一焦虑就什么也做不了，整日活在情绪纷乱的状态里，以灯红酒绿掩饰事与愿违的辛酸，以"努力无用，寒门再难出贵子"的论据来推翻从前想要早睡早起实现梦想的计划。于是远远看上去，就成了无所事事。

有的人，尽管焦虑，却仍旧不忘工作，不忘家人，该做什么就做什么，做事的时候把焦虑抛在一旁，只偶尔拿出来把玩，并将焦虑当作推着自己前行的动力。于是，他的焦虑越来越小，平日里努力获得的成就感越来越强，而过得越来越舒心。

你有多自律，就有多自由

3. 稳定而规律生活的好处

曾研究育儿知识，里边提道，对孩子来说，规律的生活，可以提升他们的安全感，从而让孩子不焦虑、不茫然、不杞人忧天，因为他已经知道上午该做什么，下午该做什么，明天该做什么。

对成年人来说，也是一样的。

稳定而规律的生活，是让你有事可做，这种有事可做会给你带来多方面的好处。

首先，容易焦虑的人，通常情绪波动较大。

有事可做会驱使一个人由感性向理性方面转变，当理性占据主导地位的时候，情绪也会趋于平稳，从而淡化了焦虑的程度。

简单来说，就是分散了注意力。

其次，会增加你的成就感。

没有人是一朝一夕练就成大师的，没有人转身之间就是华丽的蜕变，所有你想要的，都是历经岁月磨炼，才会到达你身边，这是一场旷日持久的坚持，而不是你心血来潮的妄想。

规律的生活，在某种层次上来说，是一种重复，当你重复去做某些事，并在此基础上形成兴趣爱好甚至技能的话，你会发现，这件事越来越简单，所谓熟能生巧。

成就感是一个人自信的来源，因为你知道，通过了年岁久远的修炼，某件事某个物某种状态将轻而易举地成为你的囊中物。

再者，规律的生活，会给人安全感。

安全感这种东西，其实是在原生家庭中培养起来的。

有的人原生家庭的成长环境并不好，造就了他不健全的人格，这种人非常需要安全感，但同时他又很叛逆，不知道如何获取，他就得需要自我建立规律生活，去营造这种安全感。

4. 真正强大的人

越无能，越焦虑。

越充实，越安然。

当你在日复一日规律而平稳的生活走过，你会发现，有些安稳的气息已经修炼而成。

这不是让你过单调的日子，而是告诉你，有些计划，不要轻易中断；有些坚持，不要随便废弃，一个懂得控制自己时间和状态的人，才是真正强大的人。

日本著名设计师山本耀司曾说过："我从来不相信什么懒洋洋的自由，我向往的自由是通过勤奋和努力实现的更广阔的人生，那样的自由才是珍贵的，有价值的；我相信一万小时定律，不相信天上掉馅饼的灵感和坐等的成就，做一个自由又自律的人，靠势必实现的决心认真地活着。"

你有多自律,就有多自由

20 岁不努力,30 岁等着哭

1. 20 岁,年少不知愁滋味

20 岁时,我在北京读书,与一个好姐妹搬出宿舍合租。

两个女生,不懂钱财规划,仅仅一个星期,就把整月的生活费花光了,怎么办呢?不敢跟家里说,思来想去,唯一的办法就是借钱。

于是,两人找同学找好友凑了两千块,交上房租,除去固定支出,最终每个人身上只剩下一百八十块钱。

不敢去饭店点菜,就学着网上的菜谱做饭,却连先放油还是先放菜都搞不清楚。

不能跟朋友聚会,担心买单的时候钱包里是空的。

也没法看电影逛街,就在家里看偶像剧、看综艺、看选秀节目。

你说:"这算不算很穷了?"

我认为很算。

你说:"我当时难过吗?"

真的,几乎不曾有。

我们当时所租房子对面,是好姐妹班上的班长,三天两头找机会请我们吃饭,上学路上看见卖菠萝的也给我们买,放学路上看见卖西瓜的也给我们买。

楼上也是同学,帮我们介绍做兼职,什么话吧的接线员啊,钟点工啊,找外国学生教人家中文啊……虽然五花八门,却也非常热心。

但即便在这最艰难的时刻,我都不曾觉得,钱是多么重要的东西。

这充分表现在我拒绝了一个开着百万跑车追我的男人;

表现在我吃着麻辣烫丝毫不羡慕住五星级酒店的人;

表现在我的好姐妹整天嘻嘻哈哈根本不知道"穷"这个字怎么写;

表现在我俩在未名湖上租到个冰刀能乐半天;

表现在我们爬十块钱门票的香山也能有去迪拜一样的兴奋感……

那个时候,年少不知愁滋味。

即便遭遇了些许坎坷,与朋友之间嬉笑怒骂几句,也就忘了,明天又是新的一天,生活是充满无限希望的。

你有多自律,就有多自由

2.20 多岁倒下与 40 岁倒下的不同

后来遇见从前的一个女同学,她说,年轻的时候,可以轻而易举地把生活过成喧闹的主旋律,年长之后,再遇挫折,分分钟想死。

缓不过来啊,就觉得,人生是没有希望的。

这位有故事的女同学,已婚,已育。

从前,她崇尚自由和享受,不存钱,不兼职,不努力,像极了那个躺在沙滩的渔夫。

一个富翁在海滨度假,见到一个垂钓的渔夫。富翁说:"我告诉你如何成为富翁和享受生活的真谛。"渔夫洗耳恭听。

富翁讲道:"首先,你需要借钱买条船出海打鱼,赚了钱雇几个帮手增加产量,这样才能增加利润。之后你可以买条大船,打更多的鱼,赚更多的钱。再之后,再买几条船,搞一个捕捞公司,再投资一家水产品加工厂。然后把公司上市,用圈来的钱再去投资房地产,如此一来,你就会和我一样,成为亿万富翁了。"

"成为亿万富翁之后呢?"渔夫好像对这一结果没有足够的认识。

富翁略加思考说:"成为亿万富翁,你就可以像我一样到海滨度假,晒晒太阳,钓钓鱼,享受生活了。"

渔夫似有所悟道:噢,原来如此,那你不认为,我现在就过着你所说的这种生活吗?"

这个故事,一直被女同学作为生活范本,别人努力找工作,她得过且过,别人跳槽换工作,她鄙视说对方不可靠,别人拿了五百强企业的 offer,她随着同样享受生活的男朋友回偏远的西北小镇结了婚。

以为从此男耕女织怡然自得,不羡鸳鸯不羡仙,谁承想,过惯了灯红酒绿,面对天一黑整个村子死寂般的安静,面对去个商场要跑二十公里,面对发烧感冒胃疼都给开同一服药的赤脚医生,面对几十亩种着庄稼的土地……她觉得,自己的世界几乎倾塌。

我无法理解她有多么的后悔,我只想知道,她该如何自救。

她就像一支眼睁睁看着自己枯萎的玫瑰,日出等日落,日落双眼一闭,爱咋咋地,不对明天抱任何希望。

这不是她想要的人生,也一定不是你想要的。

如果你才 20 多岁,你一定没有试过 30 岁身无分文的感受。

你一定没有试过结了婚带着老婆孩子四处游离的感受。

一定没有试过 40 岁一事无成还租房子住的感受。

一定也没有试过生了病不敢去医院的感受。

你更加不能想象,当你身边的人,曾经与你站在同一起跑线上的人,终于跨越了阶层,而你却依然困在社会最底层的感受。

单身时候的穷,不叫穷,你可以游戏人生,可是以后呢?当你有了家庭之后呢?当你遭遇创伤的时候呢?你还能否用以前的

你有多自律，就有多自由

标准引导自己重新站起来？

三四十岁，有了孩子，结了婚，或依旧单身，父母老去，一场大病……那时候的穷，才是真的穷。

那些青春里矫情的影子全部是虚幻的，唯有眼前的病困苦难是真实的。

那些遭遇磨炼第二天就精神抖擞拼尽全力的日子一去不复返，只剩下一个行尸走肉的尸体，再承受不住任何打击。

因为你的年龄到了，这个社会不再包容了，他们只会颂扬那些20岁就称霸一方的天才和商业巨子，他们对你这种生活在底层的人毫无怜惜，并百般刁难。

这就是人生。

20多岁倒下可以很快爬起来，40岁倒下却如同粉身碎骨一般的痛。

你不得不承认，年龄是有一定作用的。

3. 年轻时逃避，就难免年长时的哭

网络上的新闻总是五花八门，有人偷盗室友财物，有的年轻人为了买iPhone卖肾，甚至有的大学生为了几千块钱而"裸贷"……

我不知道到底是怎样严重的欲望，驱使着他们这一刻走上了不归路，我只知道，这是一场本末倒置的买卖，不划算的。

他们所谓的穷，不过是因为无法有个光鲜亮丽的外表，他们还不懂得，什么才叫真正的贫穷。

在房价不断上涨的今天，在知识学历不容易变现的今天，在有人20岁时公司已然融资上市，有人30岁时依然坐公交都要盘算良久的今天，他们还在纠结着朋友圈晒的那个包图片上的logo有没有露出来，却丝毫不关心，自己的未来将活成什么样子。

其实什么叫迷茫，什么叫对现任工作不满，什么叫羡慕嫉妒恨，不过都是因为你还没对自己的人生有一个明确的规划，而闲出来的毛病，不过都是因为不能凭借自己的双手和头脑去创造金钱财富，而找出的借口。

若你此时只是逃避，而不修炼防御的能力，三四十岁，有你哭的时候。你根本不知道，岁月安排了什么在等待着你。

如果你还分不清主次，还不懂得年轻努力的意义，只会一味地活在攀比和幼稚中，那就等着中年之后继续穷吧。

从20岁，到30岁，到40岁，到50岁，人应该走上坡路，你的财富与智慧，你的能力和气度，应该要与年龄成正比，否则，你将在悔恨中度日，永远也无法过上自己所期待的人生。

你有多自律，就有多自由

趁年轻多努力，年龄越大越撑不起你的不甘心

1. 这世上从来就没有稳当的工作，年龄越大，越力不从心

熟识的一位女性朋友，在群里哭诉，说她们公司太不近人情，在得知她怀孕两个月后，以合同到期不再续约为名，对她进行了委婉的劝退。她声泪俱下，认为这是违反劳动法的，但公司按照相关规定履行了工资赔偿，唯一的要求是不再续签，宁愿多花些钱，也希望终止这份合作。

因为她是高龄产妇，三十五岁了，即将成为一个手忙脚乱的新手妈妈，连她自己都不能确定休完产假之后能否跟得上原先的工作节奏，何况，她这一路极有可能伴随着妊娠反应、高血压，各种请假产检和休养。

她的职位也并非无可替代，公司从现实利益出发，决定及时止损。

她是个性情温和的人,没打算与单位对簿公堂,尽管她平时工作认真,能力出色,经常得到领导的认可,工作几年一直顺风顺水,殊不知人情和能力之外,还有意外。

她理解,但不代表她甘心。她的不甘心不是因为被辞退,而是因为35岁了,她居然在事业上毫无建树,连个管理层都没混到,居然一直做着随时被取代的岗位,多年如一日,若不是怀孕,她恐怕还要一直做下去,直到退休。

可现实并不会保护她一路稳稳当当地退休,这世上从来就没有稳当的工作,社会不断发展,变化太快太多,年龄越大,越力不从心。

因为她即将面临上有老下有小的生活,若没有足够的经济支撑她聘请保姆月嫂,若没有足够多的家人帮助她带孩子,她多半是要继续全职在家的,那她就基本没有太多机会去完成错过的职业发展。

2. 中年人的不甘心,有点像鸡肋,食之无味弃之可惜

中年危机确实是具象存在的,因为到了一定年龄,该扛责任的阶段也来临了,赚钱、晋升、创业,以及事业的规划、家庭的维系、与自我的和解,基本会在这个阶段呈现出一个明确的结果。

我曾写过《二十岁不努力,三十岁会哭的》,我也总是强调努力要趁早,奋斗要趁早,拼搏要趁早,因为人的精力太有限了,

年轻的干劲儿太有限了,热血也太有限了。

只有年轻那几年,跌倒了还能义无反顾地爬起来,重新出发;遇见挫折也不会绝望得要跳楼自杀,因为来日方长,看得到希望。

但随着年龄的增长,就不是那么回事儿了,婚姻之中的关系,都是牵一发而动全身,你不敢生病,因为医院好贵;你不敢辞职,因为上有老下有小,中间还有你们努力追求的生活质量;你不敢要二胎,因为不仅仅是经济跟不上,精力也跟不上,甚至如开头提到的女性朋友,连一胎都不敢生;你更不敢创业,因为孤注一掷的念头太可怕了,光是每个月房贷和孩子的教育经费就让你翻不了身。

这个时候你再看,所有的不甘心都成了鸡肋,取而代之的就会是后悔:为什么不趁着年轻的时候拼一把?年轻时候的迷茫,还可以多尝试几条路,年长时候的焦虑,连多尝试几条路的可能性都不敢。

不努力一下不会甘心的,可是努力又看不到实质性的回报,牵绊太多了,于是你默默地收好不甘心,继续行尸走肉地过日子,力求保持一个看起来比较稳定的状态。

倒不是说人生一直这么艰难,很多事业有成的人,在中年之后,生活一经变故,很快就被压垮,比如前不久因为公司劝退而跳楼的工程师,无力回击命运强加的安排,而选择了终结自己。

3. 年长时，行为习惯和思维模式已经成型，不容易接受新事物

比如人工智能的出现。

李开复曾参加过一期《奇葩说》，他表示"未来10年中，人类社会将会有50%的职业类型被人工智能所取代"。所以未来很多人将会面临被人工智能替代而失业的危机。

但说实话，在我们之间，尤其是年龄较大的人，接受新事物的能力非常慢，能接受也是好的，最怕有些人，盲目地摒弃和排斥，这会在很大程度上导致他们失去竞争力。

比如开创公众号和直播。

很多95后甚至00后，都玩得风生水起，思路清晰，创意新潮，顺势而为的能力无与伦比。

我一朋友玩直播比较早，他买了录音设备在家练习，被他爸爸骂不务正业，差点全给他扔出去，哪怕后来他以此赚钱并成立了自己的工作室，他爸爸仍旧觉得不光彩。但他每天熬夜想段子，研究如何让自己的直播看起来有内容，所收所得完全凭借自己的才华，又有什么不可以？

再比如，互联网购物的便捷，导致传统行业的迅速衰落。

年长的人，很容易跟不上这种节奏，等再过几年，社会发展将更快，新鲜元素更多，如果我们也是如此排斥新事物，而不去

你有多自律,就有多自由

接受它研究它琢磨它,我们也终将失去竞争力,轻易就将被取代。

所以活到老学到老,不是一句简单口号和标语,真的需要你身体力行,从年轻的时候就打下基础,让自己时刻处于有利的竞争位置,这样,哪怕时代更迭,你最起码可以不那么慌乱,最起码可以有转身的能力。

4. 年轻时精神饱满,经得住世事刁难

朋友的叔叔,酗酒成瘾,近似于酒精中毒的状态,瘦得皮包骨头,仍然不肯戒酒。

朋友觉得,与其说他叔叔喜欢喝酒,倒不如说他是为了给自己找个逃避的借口。叔叔开了一家超市,后来附近多栋高楼平地起,各种大型超市,24小时便利店,零食铺子如雨后春笋,顺势而出,并且行业细分明显,各家店专业性更强。

叔叔的超市逐渐门可罗雀,关掉吧,不甘心,这是全家人的生计来源;不关吧,眼看着一天比一天赔得更多。自那之后,叔叔就开始酗酒了,或许喝醉之后,他才能忘记现实的压力。

年轻人也会遇到这样的问题,但最起码,他不会颓废至此,而能够快速地找到出路。

就拿朋友自己来说,创业两次了,他的专业是软件开发,于是组织了几个同学研究游戏软件,不善管理,资金链又断裂,最终不得不卖掉。

但他也并没有难过太久，毕竟还单身，一人吃饱全家不饿，很快拿出所有积蓄再次投入到了自媒体创业大潮，重新开始。

这就是年轻的好处，适应快，转变快，时间充裕，抗压能力也强，改弦易辙容易得多，所以当你具有这样条件的时候，你要相信，你的努力不仅仅是为了排解现阶段的迷茫和焦虑，也是给自己更多种可能性，以备将来不时之需。

5. 你现在吃的饭是你半年后身体的状况

没有任何一份工作可以长治久安，并让你安享晚年，但年轻时候的尝试，是一场提前作战准备，你会攒下充足的经验，或者足够多的存款，你会见识更多的行业发展，具备更多的转型资本，了解时代更迭充满未知，而不是坐以待毙，只等着垂垂老矣。

要谋生，要奋斗，要拼搏，都请尽早，新一轮的竞争随时开始，请你以更好的准备去面对老去的自己。攒金钱的资本，攒人品，攒福报，攒能力，有个理论说，你现在吃的饭就是你半年后身体的状况，因为细胞的发展需要半年的时间。

同样的，即便生老病死终会到来，即便中年危机真正存在，我们尽可能地努力也不过就是为了攒资本，你买下的房子是你多年后的保障之所，你购买的理财产品，是多年后失业的保障基础，你努力爬到管理层，是为了多年后不被轻易替代和辞退。

未雨绸缪，免得年纪大了摔一跤爬不起来。

你有多自律,就有多自由

思维方式决定你 10 年之后是人物还是废物

1. 边学边做是最好的成长方式

过年期间去朋友家玩,听到她在电话里数落堂弟。

朋友突然就生气了,嘀咕着"我可帮不了你"就挂了电话。

我问朋友怎么回事,她说,三年前,堂弟就这么问了。

朋友的堂弟是一家公司的技术员,拿着月薪三四千的死工资,赶上逢年过节,单位会发点花生油和米面,日子平静,没有多余的收入。

堂弟觉得单位效益一年不如一年,想着长此以往不行,不如试着转行改变现状,但又总觉得转行风险太大,苦于没有其他技能加身,于是问他外国语学院毕业的高才生堂姐,也就是我朋友,能不能帮忙分析下现如今的行业发展。

几乎每次见面,堂弟都会有意无意地询问关于转行的事儿,开始的时候,朋友会出各种主意,把自己所知道的语言类市场、互联网前景、房地产汽车现状、网店经营……一一告诉堂弟,并说:"不懂这些没关系,你自己研究下,看看对哪个行业有兴趣,转行这种事儿急不来的,要看你自己的能力和机遇。"

然后每次有创业的机会,跳槽别家企业的机会,甚至参加培训的机会,朋友都会想到堂弟,觉得他要转型了,尝试下没坏处,空想没用,最好边走边看,要么跳槽,要么创业,同时利用业余时间学习。

但堂弟说:"不行,我没有别的技能,我得先找到一个稳定的行业再考虑跳槽的事儿,或是我得先学会一个技能再考虑创业的事儿。"

就这样三年过去了,他询问了他的堂姐无数次,最终仍旧处于当初的思想怪圈:到底换个什么行业好?

是的,他没有做任何事情,一直在纠结转型是不容易的,总以时机未到为理由,以身无所长为借口,却从没有任何具体的行动。

老生常谈之后,他的堂姐也很无奈。

其实她堂弟的问题在很多人身上都存在,我们总以为来日方长,需要做好万无一失的准备,才能迎接新的起点,可时间从不等人,等你准备好再去做,机会早已成就了别人,边走边看,边学边做,才是最好的成长方式。

2. 思维方式决定一个人的格局和前途走向

思维方式决定一个人的格局和前途走向,思想贫瘠的人总是在懒惰中空等,不愿付出任何努力和改变,一次次找借口,不过就是希望天上掉个一夜暴富的馅饼,既省去了麻烦,又不至于一无所有。

思想富有的人,却从不先考虑会有什么样的后果,而是抓紧机会努力去做,他们懂得先付出,再看结果。

其实堂弟这样的人很常见,总是深夜想了一万种改变的方式,第二天懒惰照常,一生受困于自己的空想和无力改变的现状之间,纠缠其中,无力往前冲。

目光短浅还是想法长远,在一定程度上,决定了你所能达到的阶层上限。

曾经有个读者也想学习写作,问我有什么捷径。我说没有,但我有认识的作者朋友开了课程,可以教你一些写作的技巧和积累,都是干货,让他可以尝试听听。读者连连答应。

后来他又留言,问我公关行业门槛如何。他看到我之前在这个行业从事良久,想取取经,我正好有空,又告诉了他一些相关经验。

再后来,他又问我:"接没接触过摄影?"

我便问:"尝试写文章了吗?了解透公关行业了吗?"

他垂头丧气地回答:"做公关太难了,没有资源干不起来,写文章太难了,半天敲不出一个字来。"

我说:"那你到底想干什么呢?"他说:"他也不知道,就是想找个人拉自己一把,最好是什么也不用做,就天上掉钱的那种。"我说:"你去做梦吧。"

对于这种思维方式,实在不敢苟同。

有句话叫:思维方式决定你十年之后是人物还是废物,一点不假。

3. 别停留,时间和机遇从不等人

阿东是我曾参加过的一个计算机培训班的同学。

他最近组建了个群,把许久不联系的同学们组织到一起。新群总是热闹的,这么多年以后,我们对各自的境遇近况也都颇有些感慨。

前些年,阿东对计算机钻研得透彻,趁着风口浪潮开了家网吧,那会儿,电脑对于普通学生来说还算是稀缺品,两块钱一小时的网吧,就成了他们玩游戏、聊天的天堂。

阿东的网吧开在一所大学附近,尽管竞争激烈,但因为环境不错,沙发包间一应俱全,优势明显,倒也生意兴隆,他成了一个创业成功的小老板。

没过几年,很多学生都拥有了自己的笔记本,况且,有什么

事儿是一部智能手机不能解决的呢?谁还喜欢窝在烟雾缭绕的网吧里颓废?时代在变革,人们也在成长,阿东的网吧历经一次重新装修之后,失去了往日的繁华,偶尔有些组团打游戏的人来光顾下,其余时间,三三两两的人,还不够这一年的水电费。

但他并不着急,因为他在开网吧的过程中,深谙互联网购物的便捷优势,早就入驻某大型网站开起了网店。由于商机发现得早,经营得当起来得也快。网吧没落的年代,他的经济来源早已依赖互联网重新崛起。

阿东平时就喜欢研究新事物,从来也没有说过要转行转型,要谋发展换思路,但他一路摸索的过程,却早已为自己提供了更多的可能性。

最近他又研究起了无人售卖机、亲子餐厅,看上去与自己与现阶段事业完全不搭边,但未来的事儿谁说得准呢?也许你的一个念头,就成了自己后半生的机遇。

我有阵子写文章总不满意,觉得自己的思路有所欠缺,于是决定先不写了,每日读书,等到真正沉淀到笔锋干练文风别具一格的时候再写,但一位前辈劝我说,不必等。

边读书边应用,边看边写,边写边改,在前行的过程中学习,在进步的路上继续前行,如果你只去读书,却不输出,你的文风依旧停留在原来的阶段。

其实每个行业都存在着更多的可能性和机会,即便饱和之外,命运也会垂青不走寻常路的人，但前提是，你拥有这样的魄力。

所以别停留，因为机遇稍纵即逝，在你停下来以为是充实自己的时候，命运已经垂青了别人，不懂就问，不会就学，时间和机遇从不等人，哪有那么多年让你去荒废？

一个人的成功，很多时候不是他能力欠缺，而是他能否拥有一个比较先进的思维模式。选择优质的平台、优质的圈子，不纠缠细节疑问，不在意眼前得失，胆大心细，一门心思地去努力，去开启自己的开挂人生。

你在原来的领域风生水起,换个战场,还行吗

1. 你是否具备迅速接受新事物的能力

一个作者圈的朋友,写了很多年文章,以前给杂志和报刊投稿,有时候被退回,有时候被采用。采用的时候,一篇文章会有几十块钱的稿费。

后来,互联网小说网站崛起,她觉得新奇,就写小说,在网站上日更,没多久被编辑推荐,有了自己的第一批粉丝,也通过粉丝的订阅有了固定的收入。

陆陆续续,她的作品被出版公司看中,谈了条件,出版了纸质图书,又有了第二批读者。

及至这两年,她的小说卖了 IP,又开创了公众号,轻松完成知识变现,不仅让她有了更多元化的作品呈现,同时广告邀约不断,让她直接拿到了晋级千万富豪级别的通行证。

时代发展就是这么快,苹果更新换代已经到 X 了,诺基亚

第一章
一切落实不到具体行动的"打鸡血"，都是要流氓

倒闭很久了，互联网购物早已寻常，五年前月薪一万的人，被称作成功的典范，而如今，连摊煎饼的大妈都月入三万，90后已经拿到了B轮的融资。

十年前，我每次路过街边的报亭，都会买一份当期的《南方周末》和《青年文摘》；十年后，我们都习惯了在公众号读文章，想看母婴育儿的，还是励志鸡汤的、情感交流的，或是心理探究的，一应俱全。传统纸媒大势已去，自媒体强势崛起。

李开复曾在《奇葩说》节目现场提到人工智能，并直接发问："如果以后你们都失业了那该怎么办？"

毫无疑问，随着人工智能的出现，随着行业迅速更迭，随着人才辈出，那些毫无变通能力的人，终究要被淘汰。

开头提到的朋友，具备了迅速接受新事物的能力，成功转型，完成知识变现，实现财务自由，但很多人不具备这种思考能力，总会本能地排斥、抵触、拒绝，在新科技、新事物面前完全不用心思考。

其实这种心态就是自欺欺人，他们不愿意相信自己现阶段的作为将会被取代，固执地认定自己的路一直正确，以为这样就可以永葆辉煌，实际上不过是掩耳盗铃，除了加速自己的退化，毫无实质性帮助。

你有多自律，就有多自由

2. 贯穿终生、不断升级的学习能力

以前在北京的时候，有个朋友做海鲜生意，他老家是滨海城市，朋友们很多都有渔船，会定期出海打鱼。身在渔家，对冷冻保鲜技术在行，产业链又涉及运输，所以，他有着得天独厚的资源和交通优势。

所合作客户涵盖众多五星级酒店、日料店、顶级海鲜餐厅，因为给得起好价格，谈得起大生意，一时间风生水起。那时候，他随便请我们吃顿饭都是人均上千的架势，如此风光了好多年。

后来，冷鲜技术越来越厉害，运输成本越来越低，新鲜海货价格竞争越来越大，他这番事业逐步走了下坡路。

他反应很快，尚未有亏损之前，已然转投煤矿行业，和朋友钻研采矿开矿。这也得益于他当初做海鲜生意积累的人脉资源，他人品好，有好的发展不忘朋友，所以如今朋友也反过来帮他。

我不知道这算不算他的东山再起，但他的日子确实比过去更阔绰富裕。

无论做生意，还是职场，都是需要变通力的，说白了，你只有一门技术是不行的，因为大多行业达到饱和之后，都会呈现一定的下颓之势。

畅销书《人类简史》的作者尤瓦尔·赫拉利受采访表示："到2040年，人必须将学习贯穿终生，不断升级，才能不出局。因

此，我们必须培养孩子持续学习的能力，那我们应该教给孩子们什么？我的建议是，应该专注韧性和情商的培育。"

不依赖成年人的经验之谈，也不依赖高科技带来的便利，而应该专注于韧性和情商的培育，这其实就是告诉我们，一个人要在社会中更好生存，必须具备出色的应变能力。

韧性决定他在面临新挑战时的接受和反应，能否快速地将新时代发展纳入自己的人生，情商则帮助他建立更稳定更持续的发展空间。

你应该时刻准备着，锻炼自己随时可以转型更换行业的能力，避免有一天新机遇降临，你却无法把握。

所以，你实在不必渴望稳定，因为这世上本没有什么一成不变的稳定，你要做的，是寻求在不稳定的局面里，努力站稳脚跟。

3. 时刻保持着危机感，做好持久战的准备

曾看过一个寓言小故事，《狮子和羚羊的家教》：

每天太阳升起来的时候，非洲大草原上的动物们就开始奔跑了。

狮子妈妈这样教育小狮子："孩子，你必须跑得快一点儿，再快一点儿，你要是连最慢的羚羊都跑不过，你就会活活饿死。"

在另外的场地上，羚羊妈妈也在教育小羚羊："孩子，你必须跑得快一点儿，再快一点儿，如果你不能比跑得最快的狮子还

要快,那你肯定会被它们吃掉。"

我们所处的社会环境又何尝不是如此?你跑得慢了,就会掉队,掉队久了,就再也追不上来,最终,只能被淘汰。可悲的是,到时候你除了接受失败,别无他法。

那为什么不在一开始就努力学习,做好持久战的准备?人应该时刻保持着危机感,多关注些其他行业的业内新闻和动态,没什么坏处,多接触各种不同行业的人群,交流一下彼此的心得,也是好事儿。

如果你自己都没有紧绷着一根弦,而是优哉游哉地以为拿着死工资就万事大吉了,那第一批被淘汰的,就有可能是你。

多年以前,博客流行,任凭数十万粉丝的博主傲视群雄,也并没有今日公众号变现能力强大,所以当下的自媒体是风口,也是机遇。

至于那些具备多年写文章经验,保持了巨大原始素材积累的作者们来说,多年磨炼早已具备强大的文字驾驭能力,所以得心应手,顺势而上,迅速成功。

这是他们多年前就做好的准备,是他们日常生活之外所修炼的能力,一旦机遇降临,那么成就自己,也不过就是水到渠成的事儿。

第二章

人生不只要会做减法，也要会做加法

你有多自律，就有多自由

年轻的时候，到底应该成为一个怎样的人

1. 愿望为什么一次次地落空

有读者发来大段留言，讲述他 24 岁的样子。

他说，他曾熟读马化腾、柳传志、俞敏洪、马云等企业家的创业史，幻想自己可以从渺小的山谷攀爬到顶峰一览众山小，从白手起家到身家万亿，从籍籍无名到人中之龙……

为此，他有半年的时间里都在打算创业，他是做软件开发的，打算以游戏的开发起家。半夜凌晨，多少次对着窗外万家灯火给自己灌鸡汤：诸多名人也是这样熬过来的；吃得苦中苦，方为人上人。他想的是，总能见到曙光的，或许他可以成为下一个互联网的风向标，也说不定。

在无数次修改 bug 之后，他对敲代码生出很多绝望来，他安慰自己，算了，以自己现在的工资，还个房贷已经够了，创什么业，给自己添什么堵呢？

于是，恢复了朝九晚五的日子，他卧室的灯，再没遇见过凌晨三点的星光。

后来，他又羡慕起自由职业者，由于生就一副好皮囊，竟然有朋友介绍了一个模特的兼职给他，一场活动下来，一沓印着毛爷爷的人民币直接被放到他的手中，他想，来钱真快。

又萌发了做模特的梦想，反正年轻在于折腾，也许这是一条通往演艺圈的道路，也许他可以成为下一个张亮，也说不定。

于是，他通过朋友，朋友的朋友，亲戚，亲戚的同学、同事，同事的老友，希望多认识一些演艺类人群，可以成为他从业余到专业模特的跳板。

如你所想，愿望再次落空了，野生的模特也不是那么好当的。

他又回到了电脑前，敲代码。

他变得苦恼、焦虑、烦躁，总觉得天不遂人愿，说什么金子总会发光的，他的光芒被掩盖在满屏的代码后面，无人识得。

24岁的年纪，他在人生这条路上才走了四分之一的距离，就已经面临大雾一片，前路模糊，他不知道自己该成为一个什么样的人。

2. 别总是套用他人的生存模式

年轻真好。我对读者说，年轻是资本，因为走错了一步，下一步还能折回来，从另一条路重新开始。

你有多自律，就有多自由

况且，你为什么不相信现在的自己也很优秀呢？

我有朋友也是程序员。据我所知，四五年之前，他实习的工资就已经接近一万，当然，他在帝都，我不知道别的城市的价格是不是一样，但这个行业，普遍来说工资不算太低，因为需要耗费大量脑力。

这么说来，付出与回报也算对等的，如果你努力得当。

20多岁，每个人都会经历迷茫，这种迷茫的根本原因在于，你看了太多别人的励志版本，想要成为别人。

因为没有多余的力量支撑自己，所以在面对太多的目标和愿望的时候，总会以成功人士做范本；因为没有得到正确的指引，所以当有一丁点机会的时候，就恨不得使劲抓牢，以此，重新设定自己的人生目标。

人总是渴求成功的，渴求在一个领域，成为领头者，但成功没有那么容易，你也从没想过做自己。

什么叫做自己？其实也很简单，就是你得在折腾的岁月里看见自己的长处和兴趣，然后再一路走下去。

敲代码的去做模特，不是不可以，但你要知道，半路出家并非易事，追求梦想也很珍贵，最重要的是，这适合你吗？

如果你总是套用别人的生存模式，而无法获取有效的经验成为自己，那你迎接的将是一次又一次失败，说白了，20多岁，你应该在可以被原谅和可以重来的错误中，寻找到正确的方向。

3. 哪一场人生规划更符合你的实际

一个多年不见的朋友，在群里说她正备战精算师的资格考试。

从前的记忆忽然就涌现出来，想起那时候她确实提过，国内外精算师人员存在紧急稀缺的状态，她在高中时期已然想要走这条路。原本普通的女孩儿，因了目标而变得耀眼，然而，这一路太过漫长，需要花上好几年的时间，中途变节，实在是太理所当然了。

她曾羡慕那些多才多艺能歌善舞的女子，于是在琴棋书画方面报了班，想把自己打造成上得厅堂下得厨房，后来发现，实在没有天赋，也没有兴趣。

她也曾羡慕泼辣果敢的女子，遇事据理力争从不妥协，于是改变方向修炼，做市场、做营销，历经岁月打击，也终于知道，自己沉默寡言，练不来牙尖嘴利。

或许只有一个人独处的时候，你才有机会问一问自己，想要的究竟是什么，哪一场人生规划更符合你的实际。

她终于放下执念，告诉自己，不过二十几岁，最初的梦想还有，她不想再通过其他不擅长的路来勉强自己，她的目标在金融、在理财、在精算，于是悄然准备，这一准备就是三四年。

我不知道她能不能考过，但于她来说，精算师的身份比贤妻良母更适合。

你一路都在渴望成为别人，你最终只能成为自己。

4. 成为你自己，跟定自己相信的目标

在30岁的时候，你应该就明白，你必须有一个可以达成的目标，和一条你能够持续走的道路，这样，30岁的时候，你的后悔才能少一点，路才好走一点，也更顺一点。

而不是想当然的认为，东走一步，西走一步，更不是连方向都分不清楚地乱走。向往别人是美好的，但别人的路，不是你的路。你自己学的专业，你最懂；你身边是否有可以抓住的机会，你最明白；你是否遇见帮助提携你的人，你最知道；你的路能否见到曙光，只有你了解。

20多岁，这么年轻，到底应该成为一个什么样的人？应该在不断的试错中成为你自己。

前车之鉴，鉴的只是经验，而不是重复。

别人的路，是他的脚步，不是你的命运。

朝秦暮楚，除了让你多走点弯路，也没什么实质性的好处。

有些东西可以模仿，有些东西不能复制。

尽管20多岁来日方长，你有时间犯错，但如果你无法从错误中找到自己想要走的路，那这错，犯得很冤枉。

所以，你还是要成为你自己，跟定自己相信的目标，你自己的路，每走一步才算数。

与世界和解，是人生的必修课

1. 幸福感，从与这个世界和解开始

继之前流行的"被压垮的80后"分析，最近又流行了几个新词儿：油腻中年、佛系青年、出家的90后……

尽管文章多带调侃和自嘲之意，但细究下来发现，这其中所充斥的，实则是我们大多数人身上或多或少的焦虑。

无论是中年人，还是80后、90后，越来越多的人挣扎在巨大的焦虑和压力之间，加班猝死、过度疲劳的新闻不绝于耳，幸福感指数直线下降。于是我们只好自我宽慰、自我分析、自我调侃，以期用各种可行性方式，缓解自己的压力和忧思。

其实转换角度之后，你会懂得，无论焦虑还是幸福，都是成长至成熟不可或缺的一部分，我们要做的，不是给自己加太多戏，不是放大它抵触它，而是接纳，与其和解，锻炼自己转换负面情绪为积极态度的能力。

因为我们始终要在这人间活上几十年，注定要变得成熟，那不如就从愤青变成一个温柔的人，从善感嫉妒变成宽容豁达，从鄙视嘲笑变得友好并充满爱。

一个人的幸福感，是从越来越懂得如何与这个世界和解开始的。

2. 与自我和解，接受平凡的一生

我以前总自命不凡，就觉得自己要比寻常人聪明，也不知道从哪来的优越感，认定自己有朝一日必然改变世界，谁年轻时还没做过几个世人皆醉我独醒的狂妄梦呢？

后来渐渐发现，大千世界，自己实在过于平凡，侃侃而谈只不过是在自己熟悉的圈子里，一旦跳出到更高更专业的范畴，话都说不利索。

以前总对自己的加分项沾沾自喜，认定这是一种优势，但后来发现，这只不过是雕虫小技，在真正优秀的人那里，只是他们的寻常。

我为此不安，也曾对自己失望，不明白哪里出了问题，于是一夜之间，自信几乎变成了自卑。而这一切的源头其实不过是因为我认识了更多的人群和阶层，见识到了更广阔的世界。

这世界何其辽阔，优秀的人何其多，两相对比之下，总会有高有低。

第二章

人生不只要会做减法，也要会做加法

有的人，对其他人的行为嗤之以鼻。

而那些其他人，又对另外的人不屑一顾。

你看，每个人都如出一辙，我们是一样的。

曾有个同事，在单位很少与大家交流，下了班也不大与人往来，我们都觉得他高冷，结果后来有人说，他其实是不屑于跟人交流的。

他觉得大家讨论的话题都是八卦琐碎，这种社交毫无营养。他认为自己无论专业还是能力都技高一筹，根本不与人沟通。他也认定自己情商智商超高，不愿意屈尊下就。

事实证明，他是错的。

他的客户资源流失很严重，客户不愿继续合作的原因是他并不懂得何为尊重。他遇到困难的时候，几乎没有人帮忙，因为他平时总对别人冷眼相对。

在这儿，我不是说合群好，也不是说特立独行不好，而是说，高高在上要不得，眼高手低太容易让自己找不着北，从而变得偏执，再听不进劝说。

做人最要紧的是松弛，奋斗的时候紧绷神经，但心态上一定要懂得松弛。接受自己的平凡，没有那么难，反而是盛气凌人，会让你得不偿失。

朴树在唱：平凡是唯一的答案。

3. 与情绪和解，这世间没有任何事重要到让你失控

我们只要还在这个世界生存，就还会遇见各种不公平。

于是太容易调动起全身的七情六欲，愤怒，抓狂，担忧，恐惧。

不良情绪具有太强大的破坏力，会让人消极、懈怠，失去生活的乐趣和欲望，取而代之的是萎靡不振，长此以往，情绪化所导致的失败波及面扩张。那受到伤害的，不仅仅是自己的日常生活，还有与家人相处、人际关系和事业版图。

如果你还不想成为垮掉的一代人，总还是要想办法挽救自己的。

变消极被动为积极主动，是唯一的方法。

其实，随着年龄的增长，大部分人都能或多或少地感知到，这世间并没有任何事情值得你失控。

没有发生的事情，不值得你忧虑和恐惧，如果它终究要来，你为何要提前失去快乐？

改变不了的现状，也不必过于执着，往后的路还长，时间在走，只要有心，总会有改变的那一天。

最重要的是，要给自己形成积极的自我暗示。

你可以写日记写文章，用文字宣泄情绪。可以找亲朋聊天，沟通交流所思所想。可以寻找专业人士咨询，尝试自我分析。

无论哪一种，目的只有一个，那就是自爱、自信、自强。良性的情绪，才能够让人变得开朗理智，让人对世间充满热爱。

如果非要加班，那就充满希望地加，而不是沮丧和担心猝死。

如果在事业工作前途面前纠结，就选择让自己更有动力的那条路，人有动力，才能走得远。

如果真的想爆发，那就找个没人的地方喊几嗓子，喊过之后，继续生活。

成年人的世界里，要自带过滤功能，定期清理不良情绪。

那些被称为已经出家的90后，其实也不过是寻找这漫长的一生里，值得自己做的事儿，摒弃不值得的事儿，与自我的情绪和解，看似不争不抢，其实是一种自我情绪的修行。

4. 与父母和解，解开原生家庭的束缚

在所有的悲观思想里，最容易成为借口的，是这一条：原生家庭带来的困扰。

性格不好，是原生家庭造成的，从小父母不给好脸色。

情商低，是原生家庭造成的，父母不懂何为情商，只会打骂。

智商不够，是原生家庭造成的，父母又不是知识分子，基因太差。

没钱，是原生家庭造成的，别人家父母早准备好房子车子票子，自己的父母一无所有。

拜托，你一个成年人，你是自由的，最大的失败应该由自己负责。社会关系里，从没有格外公平一说，每个人和每个人的起跑线都不同。人生是一场长跑，起点低只是其中一个先天性的条件，而后天的努力条件才是起主要作用的。

如果你有耐力，能坚持，跑得稳，不断开拓新路，你总能找到机会超越。作为成年人，应该有对自己人生负责的勇气，总活在对父母的期待里，是一种巨婴的典型依赖表现。

如果你想要成功，想要快乐，你就要用尽各种办法，脱离原生家庭的控制，而不是一个劲儿地抱怨和悔恨。

作为成年人，生活的主动权掌握在你自己的手中，过去所发生的一切，不是你的责任，但往后发生的一切，都是你的选择，你必须负起责任。

说到底，一直清爽不油腻，一直保持奋进心，一直积极乐观，不过是我们的美好期望，这世间并没有十全十美的人，但生命是向上的，我们的成长也应该是向上的。

你想活得好，想活得心安理得，就必须学会适度与自己的执念和解。当你懂得放下与拿起之间的分寸，明白执着和固执间的区别，你才能真正轻松自如地应对生活的杂务。

努力是一定要的，但如果最终是瞎忙一场，得不到想要的结果，不必难过，学着释怀，因为后面还有更难走的路等待你做抉择，一个懂得与自我与世界和解的人，世界也不会存心为难他。

如果连"赚钱"也要别人催,那你一辈子也就这样了

1. 赚钱这件事儿,只能自己上心

《欢乐颂》大结局,樊胜美跟王柏川和平分了手。

这两人的感情让我印象最深刻的,不是王柏川疲于周旋在樊胜美和她的原生家庭矛盾之间,而是樊胜美不断逼迫王柏川努力努力再努力的过程。

有一集春节期间,王柏川本想好好地给自己放个假,过几天清闲日子,结果曲筱绡去国外谈生意,给他揽了个项目,需要他联系厂家做报价。

王柏川很是不情愿,面露难色,纠结万分:"现在大过年的,谁还工作呀?"

曲筱绡说:"我呀,我家这么有钱,我最有资格混吃等死,我不照样拉着行李满世界找生意。"

还有一次,五一假期,王柏川回老家给爷爷过八十大寿,中

你有多自律，就有多自由

途又接到了曲筱绡的电话，曲筱绡人在德国，同样有订单需要王柏川给出紧急报价。

王柏川这次的抱怨十分明显，他反复解释上次就得罪了好多人，并表示真的不想做这笔生意，能不能等假期过完再说。

曲筱绡说："不行，别的事情能等，做生意这事儿能等吗？"

这两次的最终结果，都是迫于樊胜美的施压，王柏川还是放下了优哉假期，赶紧打电话四下联系，找到了节假日也工作的厂家，拿到报价。

尽管樊胜美是缺乏安全感，她深切地知道自己有不成器的哥哥和重男轻女的父母，所以她一再挑战王柏川的精神状态，强求他不辞辛苦去拼去争取，但如果不是她，王柏川未必可以赚到这两笔订单以及长期合作的意向。

再往大一点说，如果不是樊胜美催促着他上进，他的公司也不可能做起来，他的创业路极有可能中途夭折，因为他自己从没有拼尽过全力。

即使到了最后，王柏川被骗破产，也是樊胜美找关系求他人帮助他翻身。他自己呢？他一直在靠樊胜美拉着走。

所以，他们分手了，王柏川在经济方面可能会轻松些，但他的经济条件大概也就是目前这个段数了，因为，他无意于自己逼着自己往上爬。

曲筱绡不同，她是一个即使失恋后都能振作起来四处拜访客户的人，她的格局显然要大得多，她还曾提醒邱莹莹：生意就是你拿着样品，一家一家亲自上门去推销，低三下四地给人赔笑脸，死缠烂打地磨着人家，像你这种每天只知道坐在店里等订单掉下来的人，只配每月拿两三千的工资，混个温饱。

话虽然难听了点，可这就是事实。

你自己对赚钱这件事儿都不上心，你还指望谁帮你上心呢？

2. 成功，一定是自己拼尽全力争取来的

我不是说王柏川式的生活方式不好，但他既然选择了创业，肯定是想实现自己的梦想或价值，肯定是想做个成功人士，如果他自己都不去拼尽全力，那他失败的时候就不该怨天尤人、自暴自弃，不该感叹命运不公、时运不济。

赚钱是成年人赖以生存的基本准则，无论你喜欢不喜欢，你都得这么干。

这件事儿做得好不好，直接关系到你的生活质量和生存层次，它重要吧？很重要，这么重要的事儿你都不上心，你还指望突然掉个馅饼让你一夜暴富吗？你咋不上天呢？

你看邱莹莹，主动出击之后，不是做到了升职加薪吗？还拥有了独立的办公室。

你看王柏川，樊胜美督促他之后，拿到订单了吧？事业蒸蒸日上了吧？

这个世界上，永远是普通人多，身为凡人，我们总得自己给自己鼓鼓劲儿。

饰演樊胜美的蒋欣，当年凭《甄嬛传》华妃一角迅速大热，但华妃这个角色本来定的不是她，蒋欣就是想演，就是软磨硬泡不服输地找导演试戏。结果众所周知，她塑造了经典的华妃，华妃也成就了她。

如果当初她没有据理力争，也许就不会有今天的她了。

机会稍纵即逝，能成功的，一定是自己拼尽全力去争取的。

认识一人，是家里独子，从小被父母宠坏了，导致30岁了还啃老。

每天早晨都是父母叫他起床，上班五天有四天是迟到的。

父母出了首付给他买房子，希望他自己还贷款，他嫌压力大，转手把房子卖了，结果两年之后房价大涨，悔不当初。

不喜欢加班，经理安排了个项目给他，多好的机会，多能锻炼人？他哭天喊地地说累，然后就闹辞职。

我们是成年人，各种利弊都早已熟烂于心，明知道进一步海阔天空，退一步万丈深渊，我们还是拖拖拉拉地不肯往前走，生怕这山爬起来累，生怕这风吹起来冷，生怕半山腰天寒地冻，我们一门心思地不肯委屈自己。

那还能怎么办？就安于现状一辈子吧。

3. 一个成年人努力赚钱的意义

我曾是一个对金钱没有欲望的人，不醉心于拼命赚钱，也不擅长投资理财，有的花就大手大脚多买些喜好之物，没的花也不觉得难过，就量入为出。

这种性格导致我存款不多，上进心不强，在利益面前吃过亏，在小人那里上过当，尽管如此我也不甚在意，以至于二十好几的人，显得格外天真幼稚。

大抵是在我儿子3岁以后，我才真正对金钱有了明确的概念，各种兴趣班迎面而来，学区房亦被提上日程，带孩子出国旅行被当作读万卷书行万里路的典范，用钱堆积起来的见识已然成为素质教育首选。

这不是给孩子选择一所极其昂贵和优秀的学校就能解决的问题，而是一项长期的育儿投资，家长们所渴求的也不是孩子暂时的优越感，而是要将充足的阅历、高贵的血统，植进孩子的成长历程，不是贵胄望族，那便人为制造接近贵胄望族的家庭氛围。

尽管我对"别让孩子输在起跑线上"这句大标语嗤之以鼻，但我也明白，在能力范围内给孩子最好层面的教育，于孩子的人生一定是有益的。

这样的认知让很多家长焦虑，包括我。

思及于此，恐怕我唯一的出路，便是努力努力再努力，从前我任由自己淡泊利禄,如今我再也不敢强作清高。除此之外,还要铸建强大的精神堡垒,既寻求高质量的陪伴,又尊崇自我提升,上至天文地理,下到历史、唐诗宋词、绘画书法、手工,务必面面俱到,力求精神文明与物质基础达到和谐统一的层面。

毕竟,我若懒惰、抱怨、不上进、不勤勉,又怎能以身作则,为我儿子树立一个生机勃勃、有志者事竟成的榜样?

这是我们,千千万万的父母所达成的共识,既已结婚生子,理应赋予自己强大的责任感,从此不再是小孩子,而是要拼尽全力去照顾自己的孩子。

这是一个成年人努力赚钱的意义之一。

4. 赚钱是自己的事情,自己上心是根本

之前我的新书上市,长长第一时间跟我说:"卡西姐,你新书上市的时候告诉我哈,我给你做推广,能多卖一本是一本。"

我发了推广文,她也及时转发朋友圈,不断催促我:"姐啊,你快发朋友圈,多发几次,赶紧广而告之啊,速度都没我快,真是的。"

我的公众号更新频率比较慢,每一次有热点、有思路的时候,七夜都会跟我分享:"卡西姐,快写文章,你要多更新。"他觉得不错的文章,也会发布到他的公号上帮我推广。

柒叔也总是说,宣传新书的时候,需要转发曝光的时候,随

时联络他。

很多读者，还有朋友，第一时间帮我转发分享，第一时间去京东或者当当上进行了预订。

他们的真诚让我得到更多的温暖，在我不励志、不热血、不积极的时候，是他们的力量推着我前行了很长的一段路。

我特别感动，尽管我最初写励志文在某种程度上仅仅是对自我的激励和救赎，也没有说一定要成功、要到什么地步。

但是赚钱是自己的事情，成功与否是自己的事情，要不要赢得这个世界也是自己的事情，如果你自己都不上心，谁能拯救你的人生呢？

尽管并没有那么多努努力就一步登天的事儿，也不可能你勤快了主动认真工作生活了，就可以实现自己的梦想。

事实是，有时候你努力了很久，脑子都要累坏了，身体也快撑不住了，你的工资可能才涨了五百块。

但我们勤快、主动争取、坚持的意义，也不是要把打破阶级固化当作此生目标，而是让自己比昨天有进步，比去年过得更好。

赚钱这件事儿不应该让别人催你，你应该主动扛起肩上的责任感，为家人为自己赢得一个美好的明天。

高等学府的文凭,能为人生带来怎样的可能

1. 把自己熬成深度近视到底有什么意义

曾有个读高二的女生给我留言。

她觉得很迷茫,生活除了睡觉吃饭,就是没日没夜的做题、复习试卷、背诵。她有一个初中就辍学的朋友却整日逍遥自在,兜里有花不完的零花钱,喜欢的衣服毫不犹豫地买,不喜欢的东西也能毫不犹豫地扔,还能名正言顺地谈恋爱,生活永远丰富多彩。

她问我:

辍学去打工,赚钱养活自己,想做什么就做什么,一定很酷吧?

随时能够跟自己的闺密坐在咖啡厅里喝咖啡聊心事,一定很惬意吧?

现在满大街都是拥有大学文凭却找不到工作的人,多年努力

毫无作用，一定很失落吧？

她不懂，把自己熬成深度近视到底有什么意义，郁郁寡欢的17岁到底有什么意义。

末了，她强调，很想很想休学，但妈妈不同意，她便搬出网络上所谓的：尊重孩子的思想和意志；真正的教育，不是试卷上的分数；年轻只有一次，你要为自己而活等这一类的观念。她说，没有人懂她。

2. 一纸通知书的作用

我懂。我17岁的时候，也无比痛恨考试，每当我找不到答案或分数考得不尽如人意的时候，每当我觉得青春应该肆意热闹而不是沉寂在题海中的时候，总会把一切罪责归于应试教育本身。

尽管这些年，各种教育理念一再优化，身为父母的人们也不再一味地只追求一个分数，但应试教育的烙印，却仍旧深深地存在着。

我以前总想，它罪该万死，它剥夺了太多孩子的快乐和纯真，让很多的人都失去了视力，变得呆头呆脑。

但我不懂的是，为什么我们的思维一直在退化。

明明中产阶层都已经竭尽所能为孩子提供各种优质教育资源了，很多人都在考虑出国留学了，社会各行各业的主流价值导向都是：靠竞争获取想要的一切。

你有多自律，就有多自由

却还有一些人，觉得上大学浪费时间，觉得读书无用，这真是一种很悲哀的想法，有这种想法的人注定被社会分层分到毫无优势的那一端。

况且，我一直认为，能够适应应试教育，本身就是一种能力。

社会需要综合型人才，你不能只靠试卷上的分数赢天下，你还得具备待人接物的智慧，保持情商智商的在线，洞悉职场的钩心斗角，参透外圆内方的生存法则。不仅如此，你还需要不断充电学习，让自己时刻拥有最佳的战斗状态。

而所有的综合能力，也需要一纸通知书，这张通知书决定了你的能力会不会得到赏识，会遇见什么样的际遇。如果这些通过了重重考验走到象牙塔顶端的人都没有，难道那些半路离校站在社会底层的人就有吗？

你要知道，不是人控制住环境，是环境会改变人。

3. 大多数人都需要凭借学历敲开新世界的大门

两个人之间的距离，确实是靠着你休学打工他继续深造而拉开的。在这个过程中，你们身边的环境已然不同，所认识人的层次不同，经历的社会事件也不尽相同，就连职场的钩心斗角都将不是一个档次。

日积月累，你们之间的眼界、思考模式、人脉范围、对待事物的处理方式，将完全"夏虫不可语冰"。

第二章
人生不只要会做减法，也要会做加法

凭借这些不同，人生会出现分层。

如果你因为休学打工，赚了一些钱，或者你家庭条件本身还不错，你可能暂时会觉得你们之间是没有区别的，毕竟关于"上了大学的人却在给初中毕业的同学打工"这种言论，流行也不是一天两天了。

可学历这一纸证明，则会完全打碎你的梦想。

学历不是最最重要的东西，但学历是敲门砖。哪有那么多"你很优秀，不靠学历靠经验就能完胜"的社会事件？即使有，也是极少数。

大多数人，都需要凭借学历，敲开新世界的大门。

我一同学，在大型国企工作，进入他们部门面试的最低准则是本科学历。

还有一朋友，在外企做 HR，他们的重要职能部门管理人才，先考虑海归头衔，再看国内硕士级别以上人才。

你说："我有经验，是金子到哪都发光。"但你凭什么就认为人家学历高的人就没有经验呢？你又怎么知道人家管理层的事儿，你一高中毕业的人就完全了解呢？

对，没有学历你还可以创业。但开个理发店这种创业，跟筹办互联网公司的创业还是有区别的。

当然，职业不分贵贱，但谁不想让生活过得高大上一点呢？如果坐在办公室敲电脑就能搞定订单，谁愿意去市场早起晚归地

你有多自律，就有多自由

卖猪肉呢？

你说，做人不要那么功利，你只想像陶渊明一样不问世事，毕竟无论你功成名就还是衣衫褴褛，都是生不带来死不带去。

那么，你有陶渊明的才华吗？他可以吟诗作对，你可以做什么？辍学去车间流水线做一个看机器的工人吗？

4.希望你将来会拥有选择的权利，而不是被迫谋生

王尔德说："拒绝或放弃自己的经历就是要阻止自己的发展，否认自己的经历就是自己对自己撒弥天大谎，这无异于否定灵魂。"

未曾到来的经历，你没有理由认定它是不好的，你只有接触过、经历过、真正地认知过，才能发言。

高考是一次公开的竞争，你可以嘲笑它决定了你在哪个城市打王者荣耀，但你必须得知道，它也决定了你身边围绕的是什么层次的朋友、什么档次的敌人、什么薪资待遇的职业选择、什么家庭涵养造就的男朋友女朋友气质。

大学不仅仅是一个学知识的地方，更多的是实践，是经历，经历校园纯粹的爱情，经历想看什么书都有的图书馆，经历象牙塔之内的小型社会缩影，经历一个可以从毛毛虫蜕变成蝴蝶的自己。

你在一所更著名更好的学府里，经历一定是不同的，接触到

的思维高度也是不同的,这是你能够成为更好的你之前,最应该有效利用的时间,利用得当,它将拯救你的自卑、谨慎,增加你的自信、机遇,引领你人生的高度、广度、宽度。

龙应台曾写道:孩子,我要求你读书用功,不是因为我要你跟别人比成绩,而是因为,我希望你将来会拥有选择的权利,选择有意义、有时间的工作,而不是被迫谋生。

不能说没有学历的人就是被迫谋生,但有更好学历的人,一定会有更多更好的选择。

你有多自律，就有多自由

你以为加个班失个恋就人生艰难了？难的还在后边

1. 真正的人生危机

最近也算是见识到一些高层人士的焦虑吧。

好好的公司开到了破产，前有外债，后有欠薪，金钱窟窿一个也填不上，辗转在凌晨两点的马路和空无一人的办公室之间，有着我等无法感同身受的绝望。

占据高位的时光一去不返，权力没有了，利益没有了，一个曾游走于各种场合之间的人，你让他放下身段去面试、去应聘、去拿一份低廉的死工资，高不成低不就，他宁愿在家颓废着，宁愿垂死挣扎着，宁愿回忆从前风光，也不愿迈出有伤自尊的一步，过惯了人上人的生活，就没办法做回平民百姓。

不是人人都可以成为咪蒙，公司倒闭，转身就在自媒体红透半边天；也不是人人都可以成为褚时健，70多岁还能东山再起，历经人生大起大落，从红塔帝国的缔造人，到古稀之年入狱，再到如今的中国橙王。

相当一部分人,在仅有一次的人生困惑和失败里,就倒了下去。

这种失败,不见得是多么严重的事件,甚至有可能,仅仅是年龄的关系。

放在二十几岁,这种事儿,也许三五个月就走了出来,但发生在四十岁之后,重新备战的困难程度,远超你的想象。

我想,这才是真正的人生危机。当你明知道跑起来可以有柳暗花明的时候,你却也深刻地了解到,你跑不起来了,你的身体、你的精力、你的时间、你的家庭、你的存款,都没办法支撑你孤注一掷。

这个时候的倾家荡产,也许是真的倾家荡产了。

2. 生活里无法掌控的琐碎

我一女性朋友,跟婆婆长期不合,原因是婆婆催生二胎。

从她女儿出生开始,她就整日被灌输"再生个男孩"的思想。她的婆婆倒也不是个一无是处的老太太,但在二胎问题上就是不妥协。

于是朋友陷入这种困境,既要面对生活里的一地鸡毛,又要面对两人三五不时的斗智斗勇,吵架成了家常便饭,丈夫倒能分辨是非,但仍无法阻止婆婆的越俎代庖。

这个局面，是无法掌控的，她不知道哪会儿就会爆炸，心力交瘁。

她没法一狠心就去扯离婚证说走就走，也没法对丈夫的母亲老死不相往来，这是家事，也是原则问题。

她想起从前为了丈夫的前任女友大动干戈，现在却连前任长什么样子都记不清了。

她想起从前丈夫不肯在半夜出去给她觅食买吃的，她发脾气冷战好多天，现在却理解得格外透彻，换作是她，半夜也不想出门。

她想起很多，发现从前像一场梦，她过得那么小气，如今她连那些往事的细节都忘了，却暗自摇头，那些都不算事儿啊，眼前才是真的烦恼。

从前那些，不过就是一个女生的矫情，尚且还有力气理清楚，分辨个对错，现在啊，生活里的琐碎那么多，她觉得自己快抑郁了。

3. 为人父母的不易

与几个宝妈闲聊，谈及孩子的上学情况，发现大家都有一些不同程度的焦虑。

我们所居住的这一片儿，隔着一条马路，马路北面小区的孩子，就被划分到了这个区数一数二的小学；马路南面小区的孩子，则只能分到另外一所比较远、硬件软件都不算好的小学。

为此，好几个宝妈都表示，孩子的上学之路漫漫，要提前做准备啊。

有的已经找好了私立学校,不打算掺和学区房这件事儿,有的去路北的小区买了套并不喜欢的二手房,有的提前一年去路北面租了房子,平时不住,只为了上学方便报名。

甚至还有的孩子因为被划分到了比较远的学校,家长先后把自己房子出租,又去学校附近租住了别人家的房子,只因上学方便,这种日子不知道什么时候是个头儿,大概要六年,也许要九年。

听上去,上学之路也有这么多解决方案呢,然而,不是当事人,就无法了解当事人的焦急。

家长们无时无刻不在思考孩子的成长,既要培养孩子的能力全面发展,又得竭尽全力为孩子铺好每一步路,你说容易吗?不容易。

4. 人生路上还会有更难的事儿

人生如何选择,全看你的性格。

有的人沉迷于小情小爱,昨天闹分手,今天就自残,失个恋就觉得全世界都欠了她,这不算错。

有的人多加了几次班,就抱怨公司制度不好,想跳槽没勇气,继续留下心有不甘,于是周而复始地抱怨,于是成了只说不练,这不算错。

有的人小小年纪就说着要岁月静好,她口中的静好,不过是睡到日上三竿，玩到深更半夜，及时行乐，及时花钱，这也不算错。

但你得知道，无论你内心如何波澜壮阔，转过身，还是得继续生活里的柴米油盐，你年轻时候所选择的路，是为了年长时候有机会做选择。一旦你放弃选择，走一条最容易的路，就得承受后半生里可能遇见的各种状况。

比如学区房，比如事业遭遇重创，比如生二胎自己能否做主，比如中年危机，比如出轨，比如孩子青春期里的叛逆。

人生是很难的，当你为了一件不起眼的事儿，哭到天旋地转的时候，你不会知道，多年以后，还有让你更绝望的事儿在等待你。

为了有能力扭转那些绝望的局面，请现在的你，好好学习，好好规划，好好上进，好好努力。

第二章
人生不只要会做减法，也要会做加法

谁不是一边拼命赚钱，一边矫情地渴望尘世温暖

1. 年轻时何来资本过清闲的生活

有段时间比较忙，白天黑夜不停转，疏于给家里打电话，我爸爸对此的第一反应是："你缺钱了？"然后就心疼地说："缺多少我给你打过去，别把自己整这么累。"

我哭笑不得，在我爸眼里，我是骄纵惯了的，吃不得苦，低不了头，像一个骄傲的刺猬行走江湖，容易扎到人，也容易受伤。

如果我忙，在他眼里就代表着我很累很苦。

于是义正词严地跟他解释："别拿我当小孩子。成年人是要做事的，不然等你年纪再大点，怎么让你安心退休打牌遛狗？"

我不过30岁，哪里有资本过清闲的生活？趁年轻去结一张渔网，然后每日捕鱼，每日焦虑，每日圆满，日复一日，年复一年。

你给我一筐鱼有啥用？我守着、等着、耗着，今天吃一条，明天吃一条，再盘算着还剩几条，还能吃几天。

我已经30岁,开始承担起家庭上有老下有小的责任,更不敢放松,尽管赚钱让我焦虑,但努力的过程增加我的自信,让我见天地见众生见自己,让我明白行走世间的意义。

然而不过两天,才表示了积极进取的决心,熬了个通宵之后陪小朋友上英语课,我就在家长等待的休息室睡着了……

要知道,平时陪上课我们几个交好的妈妈那都是谈天说地,两小时几乎一直哈哈哈,很快就过去了。因为关系好,什么都能聊,工作事业、婚姻婆媳、大千世界的男人女人,看得见的努力,看不见的心酸,我们自成一派,畅所欲言。

劳累过度导致突然的委屈,我就跟她们诉苦,老娘不干了,我要正式加入你们休养生息的行列,带带孩子、养养花、健健身、跳跳舞,谁爱拼命谁拼命,谁愿上进谁上进,我就准备混吃等死了。

刚说完,闺密群跳出几十条消息,大家又开始讨论如何创业、如何进修、报哪个课程、攻克哪门外语……不由感慨,这上进心跟懒惰心就似坐过山车一般,搅得人没法安宁。

2. 成年人的世界,哪有什么真正的安宁

新认识一年轻朋友,听说我写文章,主动来聊天,开头就是:你对心理学应该有研究吧?我很不开心,新换了路虎不开心,又换了房子还是不开心,我觉得心里有团雾,迷茫死了。

开路虎的富二代迷茫?有这么刺激人的吗?还让不让人活

第二章

人生不只要会做减法，也要会做加法

了？我当时反手就……给他点了一个赞，表示这个开路虎的朋友交定了！然后关起门来心痛地责问自己：人家一不开心就换车买房，你呢，你不开心只能换辆共享单车骑到菜市场买菜，还矫情个什么劲儿？

他说很累很累的时候，就渴望赶紧结婚，最起码有老婆孩子热炕头，万一碰到个贤惠的，每晚还有不熄灭的灯、锅里的热饭菜等他回家，而不是深夜里空冷的办公室和每天见两面的外卖小哥。

事实证明不是我矫情，是他矫情，这厢刚表示完累得要死要活盼望有人懂有人疼，那厢一个电话又一个电话地联系客户吃饭喝酒约歌、改方案签合同。

这就是成年人的世界，哪有什么真正的安宁？

焦虑的时候，泡吧喝酒健身都随你，重要的是释放出内心的魔鬼。心情烦闷的时候，当然要在车里多坐会儿抽根烟再上楼，再亲密的人也无法对你内心的波澜感同身受。绝望的时候，在安眠药吃两颗还是一瓶的纠结中，选择了前者，那依旧是给了自己重生的机会。这并不是坏事情，也不必上纲上线地囿于其中，痛哭之后，拍拍身上的灰尘，振作疲惫的精神，打鸡血、灌鸡汤，告诉自己要坚强。

我们默认的游戏规则是：大方向上要坚定不移地努力，思想细节上可以偶尔开个小差，只要原则不犯规，一切都在正轨就好。

你有多自律,就有多自由

3. 没有谁一世平稳,只有跌跌撞撞的成长

我们有太多的渴望。

在忙碌疲惫的工作日,期待休假时的"绿蚁新醅酒,红泥小火炉"。

在独自拼搏奋斗的时刻,渴望有良人的肩膀可依靠的圆满。

在事业受挫、失业破产的瞬间,希冀天上掉馅饼买彩票中大奖,好挽救事业危机。

我们也有不肯放弃的追求。

务必在孩子上学前换个大房子。

务必在父母老去前有足够多的存款。

务必在三年内升职加薪、五年内自主创业。

务必多去几个国家看看世界之大无奇不有。

所有的事物,稀缺的才珍贵,生活亦如此。因为缺爱,安全感是毕生所求。因为贫穷,有钱才是梦想。

这尘世的温暖,从来都在抉择中凸显来之不易,没有谁一世平稳,也不会有人能够维持长久的平和,只有跌跌撞撞的成长。

如果注定风雨兼程,那就告诉自己,拼命向上是为了更好地活着,偶尔绝望是为了平衡自我,有苦有甜才是正常的人间。

请恕我一边充满希望,一边尝尽失望,一边颓丧一边斗志昂扬。

第二章

人生不只要会做减法，也要会做加法

有一种能力，叫和气生财

1. 几番试图打破尴尬的专车司机

有次外出办事儿，在楼下打专车。那天降温，我穿着裹到脚踝的长款羽绒服，都被冻得打哆嗦。

等了大概两分钟，司机师傅终于驱车赶来，我尚未从寒冷中转过身来，上车后只顾着边搓脸颊边想着待会要办的事，对司机师傅连番好心地提问，我只是漫不经心地回复。

司机师傅看上去比较善谈，一会问我是不是太冷了？

一会儿说这个点儿正赶上早高峰，路况不好请不要介意。

一会儿又说后座有水，渴了就喝点。

我只有一搭没一搭地回复了几个字。

目的地快到的时候，师傅沉默了一小会儿，问我："这么大冷的天儿，刚才接你还接晚了，实在不好意思啊，路况有点堵，还请您体谅，麻烦给个五星好评啊。"

你有多自律，就有多自由

我有点惊讶，忽然想起这一路上司机师傅每次试图跟我聊天，都是在试图打破尴尬，他以为我是因为晚到而有了意见，殊不知我其实是在考虑自己的事情。

于是赶忙回道："谢谢您，一定的。"

我没有给人差评的习惯，每次都是五星，但我没有想到的是，开几十万车的专车司机如此在意这个五星好评。

转念又想，人在其位谋其职，无论对方是专业司机，还是把业余接单作为爱好，都应该认真对待，如果自己有疏忽的地方，那就多说几句好话，多做几句解释，误会也许就消除了。

但和气生财这么简单的道理，很多人却不懂。

2. 关门大吉的湘菜馆

附近有家餐厅，我去吃过几次，湘菜做得比较正宗，色泽味俱佳，看得出厨师确实有本事在身，摆盘也是下了功夫的。

尽管占据了还不错的位置，但他们家生意却一直不太好，每到饭点，仅零零散散的几桌。

于是每次路过，隔着透亮的落地玻璃，总能看见老板冷着脸坐在大厅的桌旁喝茶。收银员也总是丧着脸，要么低头玩手机，要么抬头看电视，总感觉他们家的人不会笑。

后来有一次吃饭，看到服务员与客人大吵一架，原因是三人聚会，寻思店里人少，就要坐个六人桌，但服务员坚持店里规定，

第二章
人生不只要会做减法，也要会做加法

人少坐个四人座够了，没得商量。

于是客人愤然离开，走前十分鄙视地说：都什么年代了，还有你这种不懂变通的人。

其实依照这家餐厅的人流量，位子是不可能坐满的，服务员大可以通融一下，实在犯不着凭借所谓的规定搅黄一单生意。

并且，这家店也不是第一次不懂变通，之前还看到收银员与客人争执不下，态度强硬丝毫不退让。

一家餐厅的冷清，说到底是经营不善，诚然，一个服务生做不了餐厅的主，由此可见，老板的管理理念大抵也就如此了。

如果真要细化这种概念，那就是管理者并不懂得和气生财，待人接物过于生硬，一味守旧，不会变通。

果然，没多久，这家店就关门大吉了，取而代之的是一家新的火锅店。

3. 和气生财的两层道理

说到底，和气生财的一层道理，其实就是善于沟通。一个人要想做成事，一定得懂得、善于并有效地进行沟通。

有时候凸显个性保留棱角是自毁前程，我不是教你在利益面前唯唯诺诺，我只是想说，你要清楚你的目的是什么。

很多人都觉得，无论何时，人都应该先悦己，就应该是任性的，做自己喜欢的事，不能被社会同化，不能被他人牵着鼻子走。

你有多自律，就有多自由

但职场不同，你要得到某些东西，必然要先付出某种精力。

你要业绩，就应该变被动为主动，求仁得仁。

你要求财，正确的沟通不仅带来利益，还会消除误会，带来彼此的惺惺相惜与真诚合作。

若你求晋升，有效沟通亦是试金石，公司管理层面，情商尤为重要。

不要轻易就把人放在对立面，你也不应该设置那么多的假想敌，万事应先寻求和解之道，懂得包容与分享，才能够走得长远。

和气生财的另一层道理是蝴蝶效应。你的和气传递给对方的信息，其实是你的豁达与真诚通透且大气，增加彼此的信任感。

迄今为止，还没听说过哪个成功的老板扩张事业版图用的是一成不变的规定，规定因人而异。和气是一个人应具备的最基本品质，品质带来合作，合作带来利益，也就是自然而然的事儿了。

4. 冲动是魔鬼，多一些理智克制

朋友公司有位销售，眼看年关将至，销售任务还没有完成，任务额完不成，意味着这位销售人员的提成拿不到，奖金也没有。

幸运的是，仍旧有客户找他询价，终于有订货意向，销售员大喜，想着年底的提成和奖金算是有着落了。

没想到，因为客户质疑了几句他给的报价较高，他便不满意

了，态度越来越敷衍，最后居然跟客户大吵起来，客户一脸莫名其妙，难道价格高还不让人说吗？

于是客户愤然离去，这合同自然也没签成，他的提成和奖金，就这样像坐过山车一样，本以为近了，却因为一次争吵，一下子又远了。

其实控制情绪能有多难呢？好好沟通能有多难呢？作为普通的工薪阶层，有什么理由和钱过不去？生气前为什么不想想押一付三的房租和银行卡里的余额？

很多人在人际关系中过于悲观，太容易把对手甚至合作伙伴放到敌对的立场上，从而认为对方的言行是对自己的讽刺、利用、欺骗、愚弄……总之哪方面坏往哪方面想，然后滋生抵触心理，接下来就顺理成章地闹情绪，最终闹掰了，损人也不利己。

其实工作之上，生意之中，意气用事是最无用的东西，无论你是否具备独当一面的能力，你都应该学会谦卑，学会和气待人，这是对竞争对手的尊重，对合作伙伴的尊重，对客户的尊重，也是对自己的尊重。

香港首富李嘉诚曾说："与其到头来收拾残局，甚至做成蚀本生意，倒不如当时理智克制一些。"

所以啊，冲动是魔鬼，人生在世，与人方便才会自己方便，不为难别人就是不为难自己，大气一些，低低头没什么，主动和解与认错也没什么，对家庭来说，家和万事兴，对职场和事业来说，和气方可生财。

你有多自律,就有多自由

任何事只有三分钟的热度都是不行的

1. 最小的牌,也有能力不让人看轻

《从你的全世界路过》即将下架的时候,我与闺密才去看了末场。

陈末在小容离开的几年里,从王牌 DJ 堕落成胡子拉碴的大叔,随时可以卧倒在办公桌下入眠,抱着泡面戴着耳麦,与听众进行着每一场不走心的互动,也保持着收听率倒数的无人可及的成绩。

他的玩世不恭像一阵风,明明可以被别人称为一路顺风,却偏偏要去做逆风。长不大的孩子才会用较劲去吸引别人的目光,以为这就是全部的人生。

直到幺鸡的出现。

她在所有听众面前爆粗口,收听率一夜之间飙升至第二名,她对陈末说:"他们骂你不行。"

第二章
人生不只要会做减法，也要会做加法

陈末是她的信仰。

她一人撑着伞在雨里看不到路的时候，陈末说有个地方，叫稻城。她铆足了劲儿来到陈末的身边，面试官问她："你为什么想来电台工作？"幺鸡说："我想离他更近一点。"

多年以前，他温暖了孤单的她，多年以后，她拯救了颓废的他。

我不知道你有没有坚持过，为了一个人也好，为了一种信念也好，当别人以此攻击你的时候，当别人不屑一顾的时候，你仍旧义无反顾地坚持，像幺鸡一样，弱小如自己，却可以因为支撑过自己的某种力量而强大。

即使是最小的牌，也有能力不让人看轻。

2. 不舍得不拼尽全力

看电影的那天，是闺密入职的第二个星期。

闺密从事商业管理，这之前，她在两份 offer 之间拿不定主意，一边是地方国企，一边是央企；一边是薪资待遇优渥的管理层，一边是薪资待遇同样优渥的基层。

且两家的 HR 均对她十分满意，对她说可随时入职。

她选择了后者。

她说，后者的工作内容更符合她的期待。

明知山有虎，偏向虎山行。

不忘初衷这种事儿在职位、利益、权力面前，无比脆弱，我

你有多自律，就有多自由

敬佩她是条汉子。

然而，汉子也有看走眼的时候。

她入职的第一个星期，差点萌生退意。

不知什么缘故，现任总监百般刁难，处处针锋相对，一分好脸色也没有，终于，拿了份图纸给她，要求她五个工作日内完成方案的设计。

不是你的活儿，偏要给你做，是骡子是马，总要遛一遛才知道。

挤对不是目的，目的是把你挤对走。

换作是我，心高气盛，指定把资料摔下去。

我闺密不是我，她是汉子。

闺密用了一个周末的时间，从一个对设计完全不懂的门外汉，成了一个对 AI 基本使用完全掌握并比总监规定时间提前两日交出完美方案的行内人。

总监的脸色从不屑藐视，到不可思议，再到连连称赞，最终，以嘴巴快扯到耳朵根子后面的大幅度笑容说："我一直希望咱们部门的人都能够有你这样的魄力，互帮互助，你看看，你连顶头上司的活儿都胜任了，还做得这么出色，简直为我长脸。"

嗯，当然，身为臣子，为君分忧，职场不二法则。

我简直为拥有这样的闺密感到自豪。

她说，听起来容易，过程其实挺煎熬的，她每天只睡四五个小时，所有精力全耗在这份方案上，分分钟后悔当初的选择，如果不是凭借她对自己多年商管的经验和热爱，说不定她也早就撂挑子走人了。

说白了，是不舍得，不舍得在自己从事多年的领域，不拼尽全力。

3. 如果我们的热爱只有三分钟的热度

如果我们的热爱只有三分钟热度，便无法完成信仰的考验，困惑来临时，第一件事往往就是逃跑。

我曾热衷于跑步，在爬泰山之前，为了锻炼腿部的承受力，日日晨起，在小区内跑，在绿化带旁边的小路跑，在木栈道上跑，以为习惯就此养成。

谁知爬完泰山归来，晨跑就被扔到了脑后，尽管跑步有诸多好处，却没有进入我的生命，更不必说信仰。

我曾喜欢台球，我那点上不了台面的球技，乃秦先生所教，与君初相识，必须要找点共通之处，这样，两厢往来，才有理由。

手把手、身贴身的台球教导，最好不过。

君心似我心，两情久长后，别说去台球厅，我们连台球都极少提起。

我曾在职场之上，渴望成为女老板，开一家店，弄一种情调，以此为乐，安度人生。

于是轰轰烈烈说干就干，做灯箱、装门头、弄原料、制成品，

你有多自律,就有多自由

进了货,赶紧卖,卖不完,就生气。

每天醉心于睡前数钱,当天的事情当天做,明天还有新的钱要赚,迷茫和不安同时到来,我大好的青春就要葬送在这间店里,上不能逛街K歌旅行瑜伽喝下午茶,下没法儿顾家做菜弄些小情调发朋友圈。苍天啊,请不要束缚于我,我希望过自由的生活。

好吧,关门大吉。

我曾热爱厨房,在成功地烤了一块戚风蛋糕之后,研究厨艺之路,一发不可收拾,湘菜鲁菜川菜,菜菜入心来,中式西式自创式,情怀别样在。

每天都能收到来自不同城市的快递,不是餐具模具,就是各种原材料,一入烘焙深似海,从此"毛爷爷"是路人,君之老师成了我的偶像,烤箱成了我的良伴,朋友圈诸位看官纷纷发来贺电,希望能够品尝,并给予了最诚恳的赞扬。

喜新厌旧的人是没有未来的。

"卡西姑娘"这个公众号在我的忙碌中登场,从此另辟蹊径,空闲时间写文读书聊人生,厨房用品被打入冷宫,轻易不见天日。

困惑不是你想解,它就能解开。

难道我此生,注定一事无成?注定要成为狗熊掰玉米,掰一个扔一个?

如果无法沉下心来去完成一件事,如果总是三分钟热度不能坚持到底,一切行为都是过眼烟云,不会进入你的生命,也不会改变你的人生。

4. 热爱是动力，坚持是能力

《了不起的孩子》里，每个孩子都让我叹为观止。

花式台球高手、扑克绝杀高手、瞄哪打哪的弹弓高手、数学天才……分分钟把电视机前的我秒成了渣。

我想起自己小时候，光着脚丫子在河边跑来跑去，抓了一只蝉，以为抓住了整个夏天；摘了一片大荷叶，以为得到了全世界，又傻又天真。

有人说，孩子需要减负，不希望自己的孩子失去快乐的童年，但是，如果寓教于乐，如果天赋使然，如果习惯变成了优势，绝对是好事儿。

每一个优秀的孩子，要么对自己的优秀有着旁人不可比拟的热爱，要么被灌输了优秀的习惯。

成人也一样。

我今年29岁，终于明白热爱和坚持的意义。

人生不是电视剧，不是靠狗血的剧本活着，人生，是靠一点一滴的希望支撑。

比如，考试得到一个好成绩，做的菜是想象中的味道，心仪的女生要求与你情歌对唱，用兼职的钱带父母去旅行，暗恋已久的男神牵了自己的手，从普通职员升任一个办公室的主管，工资

你有多自律，就有多自由

翻倍，与相爱的人结发为夫妻，创业得到优良的回报……

也可能，彩票中了一千万，这种掉馅饼的事儿谁说得准呢？天将降横财于斯人也，必有用意，也许是前世修来的福气，也许是命中注定的彩运……算了，我编不下去了……

如果生活一天比一天灰暗，人也会枯萎下去。

如果生活一天比一天明亮，世界就会不一样。

不积攒一点一滴的希望，达不到幸福感的基本水准，不进行一点一滴的改变，便没有这一点一滴的希望。

很多事情，需要热爱作支撑，积累作资本。

"不积跬步，无以至千里"，这句话从中学念到现在，有的人做到了，有的人没有。

认识一个木艺工坊的创始人，他曾为这座城市打造过最美的木栈道，后又打造全国最大的木艺工坊。我去他的工坊造访，他为我介绍每一件手工制品，眼睛闪着耀眼的光芒。

热爱是动力，坚持是能力。

无论是爱好还是本职工作，动力和能力的支撑，才足以成就一个人。

如果说，从前我的信念不够坚定，那接下来的岁月里，我会锻炼这种能力，我不愿意让虚弱和浮躁占据生活的空隙，它们会扩张，一旦到达我无法控制的地步，眼前就会换了模样。

我想要修炼温柔、平和、从容，我想要执着于热爱和坚持，就必须从此刻开始，放下肤浅的"变心"，不轻易被事物表面迷惑双眼，而致力于看透本质，坚定内心，让自己处于充实之中。

唯有内心充盈，才有资本谈吐不凡。

唯有对生活充满热爱，阳光才会洒满房间。

唯有放下只有三分钟的热度，而辅以不被任何人动摇的坚定、希望、勇气、信心、美好，才能得偿所愿，才会水到渠成。

只有三分钟的热度，对于任何事情来说，都是不够的。如果想要的更多，付出的时间和努力也要够多。之所以做不到，是因为热爱不够，坚持不够，动力也就不够，更甚者，是诱惑过多，"朝三暮四变了心"，中途放手，成绩当然不合格。

想要改变，先从不轻易"变心"开始。

你有多自律，就有多自由

人生不只要会做减法，也要会做加法

经常看到关于"断舍离"的文章，我自己也是这样做的，比如扔掉不合时宜的衣服，减少不必要的社交，断掉虚伪的友谊，放下内心的执着。

但人呢，不是靠以偏概全活着，随着年龄的增长，越发清楚明白，在对不良习惯行为和不好情感关系断舍离的同时，更要在另外的方面同时提升自己，否则，你就只是普通地扔扔扔，而对自己的人生规划并没有实质性帮助。

需要提升的这些事，宜早不宜晚。

1. 厨艺

其实厨艺不是必需的，之所以第一个写，是因为这关系到我们的身体。

当然，如果你有条件请保姆厨师，或者家里有厨艺高超擅长照顾胃口的爱人，那都是极好的，但如果你有且只能依靠自己，那么，钻研些厨艺，养好自己的胃口，是件正经事儿。

我们都知道，饭店里的菜好吃，多是因为口味重，比如够辣、够麻、够咸，因为它被厨师加入了太多的调料，比如添加了谷氨酸钠的酱油，味道特别鲜美。单说谷氨酸钠概念比较模糊，说味精就清楚明了，味精的主要成分就是谷氨酸钠，吃多了是不好的，谷氨酸钠正常情况下对人身体没影响，加热之后就未必了，炒菜一般都是高热的。

这些调料大多对身体无益，而且饭店的菜更注重味道，营养方面就没办法保证了，因此就算为了改善胃口，也最好别经常吃。

而且外面用油，不一定是什么好油。我做过餐饮，知道地沟油是分好几种级别的（我当初关门其中一个原因就是不用地沟油，但好油的成本太高了），你真的不必以为你所吃的餐厅用油是好油，那有可能只是级别高的地沟油而已。

自己做饭则不需要有这种担心，你可以选择大品牌的好油，也可以按照自己的身体需求合理地进行营养搭配，少吃大肉大油，多清淡，多蔬菜，对清肠清胃很有帮助。

早餐去公司楼下买个煎饼馃子，远不如在家打个豆浆烤个面包来得健康。

2. 健身

健身的好处其实是非常多的，多运动有助于健康，提高免疫力，有助于保持身材，马甲线、腹肌、前凸后翘，有助于减肥，减脂减虚胖。

不要总觉得自己还年轻，运动延长你的年轻，延缓你的衰老，这需要一个很长的时间和过程，不是立竿见影的事儿，而你不能等到需要的时候再开始锻炼，要提前为身体打基础。

时间真的是一个分水岭，30岁之后，无论男人还是女人，一旦胖起来，就不好瘦回去了。更何况，随着年龄增加，如果缺乏锻炼，身体的免疫力是下降的，以前你感冒喝个热水就能好，现在不行了，你得打吊瓶才能好，这就是年龄所带来的差异，你不想承认都不行。

前阵子蒋欣的美照出来，网友都在喊瘦起来可真美，并纷纷表示明星都是胖着玩玩，自己却一直胖得很认真。其实明星之所以能短期内瘦下来，这背后肯定有你不知道的艰辛，比如节食，比如高强度的锻炼，很多都是你做不到的，如果你也能做到，那你也可以瘦得很认真。

3. 读书

书中自有黄金屋，腹有诗书气自华，读书这个概念真的是老生常谈了。

有个读者问我，说什么样的才是好书，国内外名著吗？不是，你喜欢的能看懂的有收获的才是好书。我以前一同事见我读《苏菲的世界》，他也拿去读，结果看了没几页就看不下去，又还了回来，但他看金庸古龙看得倒是入迷，很多细节都记得清清楚楚，我自叹不如。

每个人的兴趣爱好都是不同的，读书的乐趣自然也不可能在同一本书上面，有人爱看《钢铁是怎样炼成的》，有人喜欢《白鹿原》，有人爱契诃夫，有人读张爱玲，有的只认已故作家的文学作品，有的更注重年轻一代崛起的作家或作者，这都没关系，在读书领域，真的不必谁瞧不起谁。

不过有一点，建议网络小说可以少一些，多看一些大家作品，总是好的。

读得多了，自然分得清哪些是真的好，哪些不过尔尔。

4. 衣着品味

刚才说到断舍离，你在扔衣服的时候，除了柜子宽敞了心情轻松了还有没有别的收获？

我一直相信生活里的很多事都是具有平衡效果的，你在某一处失去，就会在另外的地方获得。如果你在扔扔扔的时候没有发现自己跟从前的不同，那你是白扔了。

过去的衣服，不只是过时了，可能还有颜色搭配不得当，可能适合20岁，但不适合25岁，还可能布料一看就是廉价货，穿不出美感……

鲁迅说世上本没有路，走的人多了才有路。穿衣也是如此，买得多了，穿得多了，研究得多了，你自然可以找到适合自己的衣着风格。不一定靠大牌武装，但穿出自己的时尚感和利落感是很有必要的。

诚然，衣服跟化妆品一样，大牌的更好用，但如果你的经济条件达不到，那你就要折中一下，选择一些经济条件之内的品牌，自己可以驾驭的衣服、款式、色调。

我自己这十来年的心路历程是这样的：从偏爱灰黑暗色系，到喜欢鲜艳的亮色系，如今更喜欢黑白红不过时的经典搭配。

衣着是一个人的外表履历，品味和质感会给你加分，轻松博得别人的好感，况且，自己也舒心嘛。

5. 专业技能

我身边有很多朋友都创业了，但于某些人来说，连职业生涯的规划都没想明白，创业也不知道该往哪儿钻，别着急，也别迷茫，没找到说明能力不够。

有个读者说她大四了，学的会计，但她不喜欢会计，觉得竞争太激烈，是个人都能做会计做的事儿，于是很沮丧。

有个读者说他喜欢吃寿司，于是加盟了一家品牌寿司店，开在了大学城，价格公道，味道纯正，受到了学生们的青睐和好评，他就赶紧继续参加培训和钻研，不但自创了寿司口味，还注册了自己的寿司品牌，并去闹市区又开了两家。

说到这儿，做会计的读者应该心里有数了，社会并不缺少人才，缺少的是专业的人才。

即便大多数行业已接近饱和，仍旧有很多人半路杀出，成为佼佼者，如果没有专业的技能，这一切都是免谈的。

还有一点很想说，当你在努力向上走的时候，你真的不用管什么所谓的"寒门再难出贵子""阶层固化已完成""鲤鱼再也跳不出龙门"……如果你目前达不到中产阶层的水准，这完全不是你该考虑的问题，很多人连小康水平都难望其项背，就别谈什么跨越阶层了。不是打击，而是说，你应该务实一点，在自己的领域里不张扬地走下去。

有人说这几年一直提倡斜杠青年，但斜杠青年不代表东一榔头西一榔头，斜杠青年的每一条斜杠，都是专业的。

当你专业技能提升的时候，说明你已经拥有了能力，到哪都不会饿死了，这个时候你可以跳槽了，可以创业了。当你一步步稳定提升生活水平、社交圈子和人脉关系的时候，你才有资本去考虑自己到底属于哪个阶层，还能够达到哪个阶层。

6. 自控

自控的能力很广泛，我想说的是控制情绪。

我妈妈常劝我，一个人越上年纪越不发脾气，才是最好的。

如果一个人年龄越大，脾气越大，只能说明他并没有进步，生活没有进步，年龄却在增加，这让他觉得自己很无能，这种无能不容易治好，他只好找很多借口掩饰，于是就有了暴脾气。

我倒是觉得，恰恰是因为他并没有控制脾气的能力，才会导致他不成功，进而促使脾气更糟糕。

说到底，这个社会不是个人的，是需要人际关系的，是需要人情信念的，我们没办法只凭借自己的任性胡来，我们会综合判断衡量事情的利弊。

很多人就是言情小说偶像电视剧看多了，以为女生顶嘴，男主角会认为她与众不同；员工顶嘴，老板会认为他敢于直言从而升职加薪……现实中这一套可用不上，人家会说你情商低。

忠言逆耳利于行，忠言是不错的，但逆耳就不那么准确了，如果一件事情以双方都能接受的方式解决，当然要比有冲突的解决更好。这是一个人情社会啊，暴露自己的低情商和低智商真的占不到半点便宜。

提升自我情绪的控制能力，实际上，就是提升自己的宽容和优雅，让自己处于一个相对温和的圈子里，心情都会变好的，不信你试试。

说了这么多，其实组合起来，都是我们日常生活中的细节，每个人都有着不相同的生活体验，需求是不同的，但相同的是，我们都在想着以更大的能力过好这一生。

论有效沟通的 10086 种方法

1. 工作篇：适当示弱，换位思考

去年的时候，有一次我与分公司的同事互相加了好友，本着互相并不熟悉的原则，我们两个着实上演了一出看谁更高冷的大戏。

起先我们的聊天是这样的：

他：××活动需要出个方案。

我：好的。

他：××品牌要拍微电影，需要你这边写个脚本。

我：好的。

我：这是新闻稿，你看下。

他：好的。

除此之外，别无沟通。直到昨天，甲方说他们微电影里的主人公是个二十几岁有车有房的小伙子，而我们开会讨论的人物设

你有多自律,就有多自由

定是个刚刚毕业还要去挤公交的年轻姑娘。

　　改吧,倒也不是多么费功夫,心底还是不舒服的,这不是浪费彼此的时间吗?明明就是随口可以提到的事情,为什么不早点说?

　　分公司同事对我说很不好意思,是他没有说清楚;于是我也不好意思起来,说是我没有问清楚,俩人互相一示弱,立马就像认识了十几年的老友似的,攀聊起来,也再没有之前的那些客套和官方语。

　　于是再有活动方要互通有无的时候,我们都会哪里不明白问哪里,一定将细节敲定,这样,后来的活动所需稿件、方案和细节基本都一稿通过了。

　　确实节约了不少时间,也提高了工作效率,最起码不必反复修改。

　　做事前弄清楚,比做完后修改,更重要。

　　所以在工作中的对接,你得弄明白,自己想要知道什么。

　　做一件事情之前,你首先是想要了解这个事情的背景、发展走向,以及结果,甚至是这件事情的目的。

　　那么你完全可以用十万个为什么的方法向对方提问,务必从中得到你想要提取的信息,有目的地追问才能得到有效的信息。

　　我们经常遇到的问题就是甲方要我们怎么怎么做,然后我们自己怎么怎么做,最后交差,甲方说方案做得不错,条理清晰,分析到位，然而这并不是我们想要的东西。

  只顾自己的感受而忽略了对方的需求，这是一种自己对自己的肯定，然而并没有什么用，你沉浸在自我认同的成就感里不能自拔，客户各种不满意，说不要这种方案，请问你做出来的东西有什么用？

  所以你要耐心听，对方真正的需求是什么。毕竟人家才是付钱的主儿，你做的东西要符合人家的胃口，那才是好东西。

  说实话，自己的方案被客户否定，是一件极其伤自尊的事情，当对方说你哪里哪里需要更改的时候，气就不打一处来。

  可是发脾气有用吗？你确实写的不是人家想要的，那就得改。

  我们自己认可的好，不叫好，因为每个人都觉得自己跟奥巴马一样，可是世界上却只有一个奥巴马。

  所以发火没有任何用处，只会将两人的关系弄得比较僵。

  压下自己的情绪，应该改的，就去认真改；真正觉得好的地方，就跟客户说明缘由。如果你的理由有说服力，其实对方也基本还是愿意听的，毕竟他找你做东西，是因为你专业。

  无论对待任何一份工作，都要秉承客观而非主观的态度，不想当然，多站在对方的角度思考，才是最节省时间的方式。

2. 爱情篇：你是我的幸福吗？

  莉莉跟男朋友总是吵架，吵到最后心灰意冷要分手。

你有多自律，就有多自由

她约我诉苦，实际上是吐槽她的男朋友：大男子主义，直男癌，不温柔不浪漫，一根筋……总之，没一个优点。

我喝着咖啡听她念叨，不发一言，她最后急了，问我："还是不是好姐妹了，就这么隔岸观火合适吗？"

我叹口气道："你既然又不是真的想分手，干吗不能放低身段学会沟通？"

眼看她暴脾气就要上来了，我咖啡也不喝了赶紧解释。

其实依我看，他们两人明明深爱对方，吵架也无非就是比寻常情侣之间的小吵怡情要严重一些，夸张一些，过分一些。

但本质上，还是一样的。

问题不在于她男朋友的缺点太多，也不在于她太过强势，而是由于两个人并不懂得真正的沟通。

情侣之间的矛盾，主因是太感性。

女生的思维方式是：我吃醋是因为爱你，你没拉黑通讯录里其他女性就是对我的不在乎；我骂你的缺点是因为爱你，你不改却跟我吵架就是不对；我生气是因为爱你，不生气的姑娘是因为不爱你，你分不清楚就是傻……

所以跟女生沟通，千万不能讲道理。

首先，你要弄清楚她到底为什么生气，如果实在猜不到，你就直接问，很多男生吵到最后只觉得烦躁，却根本不知道女朋友是为什么爆发的。

第二章
人生不只要会做减法，也要会做加法

其次，千万要态度良好，该道歉就道歉吧，又不会少块肉，总比丢了女朋友强。

男人最好别跟女朋友吵架，因为非常容易失去女朋友的信任，一旦吵起来，你在她眼中就是个斤斤计较的男人，不大度不宽容，魅力值骤降，当然，最重要的是你也吵不过她。

还有，吵架期间，最忌讳男人撂挑子走人。

女生喜欢解决矛盾，而不是遗留历史问题，不闻不问的态度无异于冷暴力，很伤人，传递给女生的信号就是：你根本不爱我，否则怎么说走就走？

男人的思维方式是：你怎么又生气了？你怎么这么无理取闹啊？你怎么跟个泼妇似的？你怎么看什么都不顺眼啊？我就躺会儿怎么了？我玩会儿游戏怎么了……

所以跟男人沟通，大吼大叫永远不可能解决问题，因为你河东狮吼、哭到天崩地裂，可能他并不知道发生了什么。

男人本质上就是个孩子，有事儿你要直接说。

把"油瓶子倒了也不扶，懒到一定地步了"改成"亲爱的，你把油瓶子扶起来，晚上给你做好吃的油焖大虾"。

把"你一天到晚就知道玩游戏，一点出息都没有，窝囊废"改成"哇，我男朋友玩游戏就是个高手，估计工作中也一样厉害，三年之内有望坐上副总的位子呀"。

把"我说了这么多，你竟然不知道我为什么哭，你到底有没

你有多自律，就有多自由

有脑子啊？"改成"我哭是因为你好久没陪我出去玩了，如果你觉得我重要，就安排一次旅行吧。"

总之呢，对女朋友的态度：把无视改成宠爱。对男朋友的态度：把蔑视改成崇拜。

两个人的爱情要维持长久，靠的不仅仅是爱情，更多的是相处，扪心自问，你真的爱对方吗？他（她）是你的幸福吗？如果答案是肯定的，那就学一学沟通吧，人生很短暂，没必要浪费在一次又一次的失望里。

3. 婚姻篇：让一地鸡毛变成温情岁月

男人与女人的相处，在婚姻中也大多相似，但婚姻与单纯的谈恋爱不一样，婚姻里的关系更复杂，情绪更多样化。

以妈宝男为例。

这类男人致使很多家庭苦不堪言，如果不幸遇见，那么与公婆分开住是明智的选择。

并且，不要明显地给他灌输"你就是妈宝男"这种思想，而要在每日的相处中暗示他：哇，原来你这么有主见；我和宝宝以后就靠你了；你懂得先顾好我们这个小家，我真的很开心……

总之，就是要告诉他，你和孩子是依赖他的，而他的母亲应该依赖他的父亲，多吹枕边风，比吵架好用。

这类男人通常很懒，身体懒，思想也懒，不愿干活，不愿劳动，也不愿意动脑子，因为母亲已经为他安排好一切，他只要照做就可以，特别省事。

所以改造妈宝男还有最重要的一个环节是：不要助长他的懒惰。

我一朋友的老公就是典型的妈宝男，她每次都气不过，跟我诉苦，我说我见过你们刚结婚时候的样子，其实他比今天要能分得清对错，这些年你们助长了他的气焰。

朋友的妈妈，也就是孩子的姥姥跟他们一起住，一天三顿饭，孩子姥姥按时准备好，买菜做饭刷锅洗碗大包大揽。

岳母大人把一切都安排得井井有条，把女婿当作亲儿子一般疼爱，朋友的老公几乎是饭来张口衣来伸手，以至于他有大把时间玩手机看电视刷游戏，都忘了自己应该在家庭中应尽的义务。

这就在一定程度上，助长了妈宝男的特质持续走高。

所以你看，要想改造他，你得让他多做家务、多干活，让他知道自己是这个家的一分子；促使他多出去与人交际，见识多了，自然内心强大，强大了，就不需要依靠他母亲的思维来统治自己的内心世界。

而对于男人来说，他们自己也是恶性婚姻关系中的受害者。

有的在婆媳关系夹缝中不得安宁，有的娶了不知足的泼妇女人，成天被骂，还有的成了妻管严，没有任何话语权，只好做个默默无闻的丈夫……

遇见这一类女人，男人们最应该做的既不是讲道理，也不是以吻封缄,而是让自己勤快点儿,有上进心一点儿,告诉她你一直在为这个家努力,让她看得到希望。

其实我一直觉得,在某些婚姻关系中,男人们的做法特别傻,女人是一种非常感性的动物,你哄哄她,安慰她,宠宠她,她就死心塌地地对你了。这么简单的道理,男人却不懂,偏要吵架,或者不理不睬不闻不问。

当然,男人们最终还是要强大,你得让你的女人知道,你是优秀的猎手,她才有兴趣跟你过漫长的一生。

总体来说,婚姻相处的核心学问是潜移默化。

还是那句话,在两性关系中,吹一吹枕边风,永远比吵架好用。

无论爱情、婚姻,还是工作、聊天,都是人与人之间的相处,只不过是爱人之间,朋友之间,同事之间,客户之间的不同,但有一点是相同的,那就是我们需要沟通,需要想办法解决人跟人之间的问题,而不是致使矛盾扩大,问题严重。

人际关系的最终核心,就是有效沟通,好好学习说话的技巧、思考的方式,争取以一个相对完美的方式解决矛盾。

当然,所有有效沟通都是建立在你想挽留或改善某种关系之上,比如你希望家庭成为温暖的港湾,而不是夫妻的角逐战场,你希望在公司一团和气升职加薪,而不是钩心斗角、阴谋算计。

不然的话,任何沟通都白搭。

第三章

一个人的教养,藏在细节里

你有多自律，就有多自由

我们不是一个朋友圈的人

1. 不是忙，而是不愿意搭理你

朋友抱怨，有个活动做得很生气。

他与甲方两个负责的对接人，在同一个群里，那两人一个是助手，一个是高管，因为很多事情助手做不了主，朋友只好在群里@对方总管，试图沟通敲定活动细节。

但每一次，对方都不回复消息，一次都没有。

开始，朋友以为对方太忙，不回复也不往心里去，便通过助手多次跟进。

但后来发现，对方高管不是不回复信息，而是只不回复朋友的信息。

朋友的老总在群里说话的时候，甲方高管永远在线。

只要自己开口询问，对方立马消失，一个字都不回。

如此多次，朋友终于明白，哪里是人家忙，分明是不愿意搭理自己。

好吧，段位不同不相为谋，谁让自己位低权轻。

尽管如此，却也总觉得心里不是滋味，人跟人之间，有高下之分吗？

从人权角度来说，众生平等，但从社交圈子来说，确实得分三六九等。

这就是我们生存的常态，不是一个圈子的人，连沟通都没必要。

2. 你是服务的，还是打高尔夫的

我在高尔夫领域做事的时候，有人说，这是非常好的平台，对一个人的前途事业有着强大的助推作用。

他眼中的好，是所谓的资源充裕、人脉广泛，社交圈尽显贵胄名流。听他言谈充满期待，仿若打破阶层指日可待，资本市场份额似乎也手到擒来。

确实，打高尔夫球的基本都是有钱人，在这里你会看到工薪一族所无法想象的豪绰，以亿元为单位的公司营业流水，在他们眼中只是寻常生意；置办不动产也就是一张支票的事儿，更有土豪者直接现金交易；为孩子花数十万找一个外籍高尔夫教练，或为自己聘请一个私人教练，都不过是他们众多兴趣和万千种娱乐的生活方式之一。

并且，你也会见到他们的谦和有礼，主动打招呼还帮忙摁电梯。

但其实相处久了，你会发现，你们彼此之间的相处仅仅是客气周到有礼貌，你认真做事，对方也真诚感谢，但那些避免不了的疏离，以及隔阂，显然是因为身份的不对等造成的。

人贵在有自知之明。

这不仅仅是三观碰撞和简单人际关系的问题，而是阶层问题。

当你进入一个圈子的时候，首先你要知道自己在其中处于什么样的位置。

你是去服务于这些大客户的，还是与之谈合作共赢的。

前者，拿人薪资替人做事，与任何其他单位企业并无不同，后者，利益至上，互通有无，双方签订协议的人，也许只是作为马前卒，根本不用涉及双方交易背后的 boss。

这两种，依靠平台优秀成就自己的前途命运者，不是没有，但比较少，像其他任何一个行业中出类拔萃的人一样，必须付出极大的心力。

平台优秀，并不代表你就可以混得如鱼得水、绿灯长明，那到底怎样才能获得交际圈的话语权？

左右不过一句话：旗鼓相当。

其实就是，你是服务于高尔夫行业的，还是打高尔夫的。

服务这个行业的人，与其他任何行业的工作人员并没有区别，就是普通的雇佣关系，你为他做事，他付你薪水，大家都是出来

第三章

一个人的教养，藏在细节里

做事，能否得到机遇和命运的垂青，看你的能力和造化。

而玩高尔夫的人之间，才真正对等。

再大白话一点那就是：不是一个等级的人，没法儿一块玩。这个等级不仅仅是钱，也是眼界、层次、资源和圈子。

高尔夫被称作绅士运动，同时也是社交运动。

要么，打球的人并不以此为阶梯，去试图打开其他合作领域的大门，能够结交共同兴趣的挚友，或结识行业翘楚人物从而实现跨界合作，锦上添花；如果不能，那也丝毫不会影响他们的乐趣。

要么，就是圈内好友与合作对手的强强联合，直奔高尔夫球场，打上18洞，你来我往，旗鼓相当，生意就谈成了，互惠互利就产生了。这种交往，才是真正的互通互融，因为他们处于同一等级，他们才是一个朋友圈的人。

你可以说，你对此完全不认同，你认定人与人之间并无高低贵贱之分，但在现实的晋升道路之上，确实有高低之分，有贫富差异，有阶层设定。

这不是三观的问题，也不是简单人际关系的问题，而是不同阶层的人，无法站在平等的位置对话。

不对等的关系，会让你想攀交的人将你排除在圈子之外，你的费力讨好，只会让对方觉得嘴脸丑恶、吃相难看，从而更加轻视你、贬低你。

3. 当资源和地位越来越不对等

阶层不同造成的地位不同是正常的,含着金汤匙出生的人自然不必考虑平等与否,但你自小就没出生在同一个起跑线上,所以你就得努力接受这些不公平,不单纯是为了赚钱,也是为了得到平等对话的机会。

一个前辈,原先在公关圈里混得风生水起。

最开始那几年,他就像个打杂的,各种执行任务,各种烦琐的对接搭建采购,都是他的活儿。那会儿他挺辛苦的,常常各个城市出差,最忙的时候两天两夜不睡觉。

彼时,他跟一些供应商、搭建工人、批发货物的老板混得最熟悉,经常半夜了还在大排档喝酒撸串,吃饭也尽量选择物美价廉的饭店,饱尝人间疾苦。

渐渐地,在这个行业做出了点眉目,是个主管了,手底下有人了,提成也越来越多了。

再后来,独当一面了,逐步成为公司核心人物,老板之下,百人之上,有些场合已经不必他亲自去,他一句话,多的是员工去效命,他也不怎么跟之前的供应商搭建工人们一块吃饭了,而是经常跟着老板去见甲方的老板,谈合作,谈整体活动策划,至于细节,自有其他人去做。

很明显地,他说话方式也变了,铿锵有力,但又带着些许冷漠和傲慢，倒不是说他虚荣，而是因为他所在的位置已然不同，朋友圈子已经变了，周围的人也变了，他的视野和格局也变了。

以前他求个温饱，后来他广结人脉力争出头，再后来，他懂得行业规则，希望创业做老板，旨在实现阶层跨越。

这两年自媒体发展势头迅猛，有很多抓住风口的大号大V已经建立起自己的公司，赚得盆满钵满，实现了财务自由。

很多从前聊得来、关系不错的作者，也因此进行了重新洗牌和组局，不管你承不承认，大号跟大号的作者一块玩，实力强跟实力强的编辑一起交流，才是最常有的状态。

哪怕你与百万大号的作者从前关系很好，但当你们实力越来越悬殊的时候，你们之间的交流会渐渐稀疏、减少，直到几乎没有联络。

不是说谁势利，而是因为你们之间的资源越来越不对等，所处场合越来越不一样，所见识到的人和层次也越来越悬殊，自然也再没有任何的共同话题。

你看，能力是打开上升通道的钥匙，它决定你可以做到哪个位置，风口成为你的机遇，又为你提供新的平台，让你去接触更高的圈子。

一旦你踏入某个圈子，从前的圈子就会陌生，因为你与从前，已然是两种朋友圈的人生。

祝你有足够的资本和自信，有能力踏入自己想要进入的阶层。

你有多自律，就有多自由

你嘴里的人生，就是你以后的人生

1. 自我暗示的威力

上学的时候，一个同学的父亲生了病，挺严重的，最后连医生都宣布了无能为力。

同学才十几岁，却要接受与父亲天人永隔的事实，他号啕大哭，没有人能帮到他，因为每个人都要面对生老病死、苦恨别离，只不过他更早一点体会到，所走之路比旁人更艰辛些。

这让他绝望，却也让他强大，从那以后，他就励志当一名医生，在自己亲人身边，开一家诊所，既然没能留得住自己的父亲，那就努力去留住别的亲人。

其实他天赋也不怎么高的，学习成绩也算不得特别好，而且他们家几代之内从来没出过当医生的苗子，但他不甘心，一想到他的父亲盛年之下离开，他就特别难过。

当医生的念头支持了他很多年，连梦里都是穿着白大褂拿着

第三章
一个人的教养，藏在细节里

手术刀。皇天不负有心人，他考上了出名的医科大学，毕业之后，他辗转去县医院和市医院实习，最终，他回到家乡，创建了自己的诊所，完成了关于梦想的初步设定。

这么多年，与其说他不懈的努力成就了自己，不如说是信念支撑了他，给了他力量。

他心心念念着想要实现的，嘴里不肯放弃无数次给自己鼓舞的，成就了他的余生。

每天从自己嘴巴里说出的话究竟具有多大的威力？可以说，人是一种很乐于接受自我暗示的生物，你给了自己消极的催眠，那你很容易变得颓废不堪，但若你给了自己积极的信念暗示，你就会朝着这个方向去努力改变，直到实现它。

为什么古语说"人不能总叹气，一叹穷三年"，其实也不是没道理的，每天叫嚣着自己"没钱"，你就真的成不了有钱人，总感觉自己得了某种严重的疾病，你也许就真的会生病，就好像身体能听懂你的暗示。

其实并不是身体真正懂得你的暗示，而是你的自我引导、自我暗示、自我催眠，不断地促使你以某种你想要的状态进行下去，身体和思想恰好执行了你的这种行为。

总有人说：我一辈子也就这样了。

还有人说：我不甘心一辈子就这样。

前者认命，后者逆天改命。

你有多自律，就有多自由

2. 妈妈的魔咒与女儿的抗争

一女生，从小就被妈妈教导："我们是普通人，不会有大出息的。"

上学时，她妈妈经常念叨："我们就是普通人家，供不出清华北大的学生，你呀，读个差不多就行了，趁早上班挣钱要紧。"

但女生不服输，铆足了劲儿努力，成绩一直保持在前十名，她的口头禅跟她妈妈不同，女生总是说："我不想在农村待一辈子，我要去见见外面的世界，我也不想成为妈妈这样的女人。"

她考上了大学，虽然不是最好的学府，但也对得起自己多年的努力。

工作后，她留在了大城市，在离公司很远的地方跟人合租廉价房，每天挤三个多小时的地铁上下班，挺辛苦的。

她妈妈每次打电话都说："你一个姑娘，那么执拗做什么？咱家就没有过出类拔萃的人才，你要强有什么用？到年龄就该结婚生孩子，要不然就成老姑娘了。"

女生还是不服气，她说自己要做个经济独立精神也独立的姑娘，她渴望成为有梦想的年轻人，而不是早早嫁作他人妇，守着老公孩子过一生。

所以她继续执拗，不管不顾地继续留在大城市，挤地铁，倒公交，跟着前辈跑新闻，追热点，早出晚归，一颗心都用在了工作上。

第三章
一个人的教养，藏在细节里

终于，她在单位里有立足之地了，她写的新闻稿件总是一遍就过，她对社会事件的分析总是见解独到，领导器重她，同事羡慕她。

唯独她妈妈，仍旧没有放过她。妈妈催她结婚。

无奈之下，她答应了妈妈安排的相亲，去之前她妈妈警告道："就你这脾气，哪个婆家受得了你？找个差不多的就行了，有钱人又长得好的，看不上你。"

她不是不受打击的。

有一次实在压抑，就跟朋友去喝酒，喝多之后哭着说，她其实知道妈妈过得不容易，可这么多年，她一直避免成为妈妈那样的女人。

她妈妈嘴里念叨的，是过多的自卑，是永远都不会有的自信心，是对自己的贬低，更是抑制自己走向更好人生的魔咒。

事实上，她妈妈这些年都活在这样的世界里，一切的普通和不幸都是她妈妈自己造成的，因为不相信努力可以改变自己，也不相信自己有更加幸福的能力。

可是这个女生，倾其所有在与母亲抗争，也与命运抗争。

她从不认为自己是卑微的，也绝不认为自己是无用的，她相信自己，就像相信每天的太阳会照常升起。

所以她努力，想要逃离妈妈设置的魔咒，想要过一种积极向上的生活。

她妈妈做到了，活在自己设置的魔咒里，过着普普通通却又

你有多自律，就有多自由

自卑自怜的一生。

她也做到了，打破了原生家庭的困扰，向着自己要走的路，一步一步，坚定从容。

3. 当你真正想要某种生活时

其实我们来世上一遭，不一定非得功成名就，才叫作没白活，最重要的是，我们以怎样的生活方式过一生。

是积极的，还是悲观的，是有滋有味的，还是了无生趣的。

朋友 Mia，是健身房的舞蹈老师，可能是练舞蹈的缘故，身材窈窕，她不仅仅是外表靓丽，生活也总是非常的诗情画意。

别人休息时都是刷手机或者约朋友玩，她却独自跑去画室画画，尽管她并不以此为生。

别人工作累了就叫个外卖，她再累也亲自下厨，哪怕只是做一碟小菜，哪怕只是熬个粥打个豆浆。

她总是说："不是都说女人要灵魂有香气吗，我就想做这样的女子，我不愿意过失去自我的日子，也绝不对生活将就，我就想轻轻松松诗情画意地生活。"

当一个人真正想要某种生活时，她会告诉自己，该如何到达那个渴望的彼岸。

你嘴里的人生，就是你所渴望的样子，而你努力付诸实践的结果，会让自己的余生都活在喜欢的模样里。

第三章
一个人的教养，藏在细节里

你的状态，取决于你的心态

秋天的时候，孩子留给老公带，我们几个好姐妹跑到山里租了个院子小住。

美其名曰重拾属于自己的时光，实际上就是找个由头，换种方式放松下。

夜里，听山间的竹林松涛，白日，换下高跟鞋穿上运动装，爬山登高，极目远眺。

当然，姐妹们聚在一起最大的主题是嬉笑怒骂，骂各种看不惯让自己烦心的人，笑天下可笑之事，也叹息自己那些未曾实现的愿望和憧憬，于这烟火人间，开辟出这样几日放纵的光景，醉着唱山歌，光着脚跳热舞，演绎着暂时由自己写的剧本，人生得意须尽欢。

任何事情都是有期限的，悲伤有期，欢乐也有期。

时间一到，我们重新化好妆，从清净的山间回归欲望都市，再次绷紧了神经努力赚钱，努力应付人际关系，努力习惯家长里短，努力让自己一年进步一个新阶梯。以强大的自制力，把握悲伤和快乐、烦忧和洒脱之间的界限，懂得什么时间该做什么，什么场合该说什么，懂得自身所背负的责任，以及自己所扮演的角色。

人生太过漫长，不可能有一成不变、岁月静好，也没有永久的幸福，它的真实状况是一会儿希望、一会儿失望、一会儿绝望，周而复始。

我们所能够做的，就是不断调整自己的心态，将烦嚣不断与乏味不堪拉回到朝气蓬勃的状态，苦中作乐，自得其乐。

人与人的性格特征毕竟不同，但生活总有类似。

家庭里琐碎的争吵、婆媳大战，同事间不露声色的钩心斗角，职业生涯中怎么也绕不过的瓶颈、创业失败，周遭总有几个小人对你使绊子……这些最常见的场景，才是生活的真相。

气馁吗？想放弃吗？

自暴自弃之后，你就会发现，你把世界让给了那些讨厌的人和事。

你夜间苦熬不睡，暗自垂泪，皮肤就会不好。

你屡屡大喊大叫，一点鸡毛蒜皮也如临大敌，家庭氛围就会不好。

你暴饮暴食吃得毫无节制，发胖很容易，身材就会不好。

你迟到早退，不思进取，工作的前程就会不好。

第三章
一个人的教养，藏在细节里

等到有一天，你突然发现，所有人都迎着朝阳向山顶攀登，只有你自己，站在山脚下，怎么也动不了。旁人有旁人的成功和圆满，而你却仿佛被施了魔咒，毫无变化。

其实你本可以的。

你没办法掌控命运制造的天灾和意外，但你可以调整自己的内心。

如果熬夜伤害了皮肤和身体，那你就去做一个自律的计划，早睡早起，跑步运动。

如果烦恼很多，那你就分散下注意力，去见能让你笑的人，去寻找让自己开心的事。

如果工资实在很低，那就提升些专业技能，没有天赋，勤能补拙，不一定大富大贵，但最起码可以让你的工资一年比一年高。

如果围着锅碗瓢盆转腻了，不妨把孩子老公暂时抛在脑后，找几个知心好友，体验另一面的声色人间。

你无法改变现状，那就去尝试不同的生活方式，总能找到一个点，把悲愤发泄出来，把注意力转移掉，甚至忘记某些不愉快，时间久了，那些恼人的，渐渐就变得不那么重要了。

其实我们一生拼的都是心态。

我也曾对焦虑无法自控，杞人忧天地把未来几十年的路都从头到脚地想了一个遍，结果发现除了更大的焦虑和困惑之外，一无所获。

三毛说："心之何如，有似万丈迷津，遥亘千里，其中并无舟子可以度人，除了自度，他人爱莫能助。"

于是，我想尽办法自助，不断调整自己的心态，写作便是那巨大的迷茫之中衍生出来的自我救赎。

越写越觉得内心澄澈清明，越写越觉得眼界开阔豁达，状态亦从当初的忧思中脱离出来，渐渐地，对这世界宽容，也对自己宽容。

生活是一袭华美的长袍，它的内里不光有很多不为人知的裂缝和补丁，甚至还爬满了虱虫。但是，在我们的努力下，仍然还有让它转向更好一面的可能。

我们都在自我斗争的这条路上往前，最终不是东风与西风的较量，而是要在一地鸡毛的生活里收集蕴藏点能量，积攒着、囤积着，才好应对那些颓丧的想不开的岁月，才能支撑自己在太阳升起的时候，拿起针线，缝缝补补，烫洗干净，重新开始。

我攒了三十万，要不要买房子

1. 买房还是不买房，这是个问题

附近有楼盘开售，过去凑热闹，认识一人。

他站在我们旁边，愁眉苦脸地询问：您看这房子怎么样？限购政策出了，这阶段买房合不合适？

细聊才知，他对这个楼盘研究了很久，无论交通还是学区，无论采光还是物业，他都比较满意，唯一纠结的地方，便是他想辞职自己创业单干，但又受不了妻子的软磨硬催：买房子。

他说，去年的时候想过买，但觉得每个月还房贷压力山大，不如创业，不如旅行，不如念叨着"租房也能享受生活"感恩岁月静好，于是放弃买房，先后去了几个国家不同的城市转悠，见识长没长不知道，但银行卡里的余额肯定是明显地少了。

及至今年夏，眼睁睁看着当初的楼盘价格翻倍，他后悔得直想撞墙，买房的心又开始死灰复燃蠢蠢欲动，这一次，他边研究政策边研究楼市，结果研究着研究着就开始担心，这一旦买了房子，以后就只能规规矩矩地赚钱了，什么都不能再折腾。

"我一个拿死工资的人，靠着父母，好不容易凑够了三十万，全部身家砸进去，这万一房价跌了，我上哪儿哭去？"他一脸愁容。

买房还是不买房，这是个问题。

2. 房子的价值

是追求诗与远方，还是囿于房贷？

这两年诗与远方的情怀不断冲击挑战人们的观念，加之一些励志成功类的书，也无一例外都在劝人：你的能力需通过梦想实现，同样的钱，你要用来投资、创业、旅行、看世界，买房只会增加你的阻力，让你无法全身心投入到事业中，让你身上负担加重，像蜗牛一样背上重重的壳，一步一步缓慢地爬，爬到死也看不见山顶的风景。

人一旦有了牵绊，就容易死于安乐，躲在舒适区里，享受安逸的假象。总结起来一句话：世界那么大，你快去看看，攒钱是为了梦想，不是买房。

我其实挺反对这些论调的。

大谈诗与远方、教导女儿心安理得混日子的高晓松只是个例，他出身书香门第，阶层已然与为买房纠结的年轻人不同，迄今为止，房子都不是他人生的必需品。

北京和伦敦两届奥运会拳击冠军、名利双收却租房住的邹市明也是个例，他因为经常去美国训练，又去各地参加比赛，时间不固定，地点不固定，房子也不是他人生的必需品。

对于普通人来说，若你打算结婚，婚房是一个必需品，不要谈什么房子是租来的，但生活不是，租来的房子住起来远没有房产证写着你名字的房子住得舒适和随心所欲，于婚姻来说，后者更有价值。

若你打算生儿育女，你就必须要把学区房考虑进来，你得明白，放养教育绝不等同于按照租房的标准把孩子随便扔进一个学校。从普遍性角度来说，租房与学区房的学校标准，完全不是一个等级的。

依我短浅的目光来看，房价顶多只是涨幅较小或稍微停滞，不会大幅度下降，一旦所有楼盘大幅度下跌，那基本就是全国或世界性金融危机了，比如2008—2009年的金融风暴。但经济低迷，国家肯定会宏观调控，况且，如果是刚需，就算房价跌了又如何？房价涨你不会卖房子，跌了你也不会卖房子。

3. 创业还是买房，也要看性格

如果把买房的钱拿来创业、投资、学习、完善自我，我是非常认同的。

但投资自己与买房其实没有必然的联系，大多把创业和买房相提并论的，只是因为资金储备不够，无法两者兼而有之，必须舍其一。

于是又回到了老套的命题：追逐创业的梦想，还是买房？

我觉得这其中有一个谬论，在很多人眼里，创业和投资是值得赞扬和义无反顾的，那代表着年轻人的干劲儿和朝气蓬勃，代表着不安逸于舒适区，不拘泥于小情小爱，而是彰显大格局；但提到买房子，却觉得限制了一个人的发展。

这种思想，影响了很多年轻的人，包括年轻时候的我，而稍微成熟的人，是不会被这种幼稚的观点所左右的。

我们总是觉得，提梦想是伟大的，顺应现实是可耻的。

君不见，多少人都是从七八十平，转手卖掉，换成一百多平，从郊区搬向市区，从偏远搬到学区；君不见，多少房价翻倍，身价暴涨，皆是因为及时买了房子；君不见，多少人靠着收房租就比你的工资高；君也不见，创业成功的很多人也大多转身买了房子。

如果投资自己是投资，加盟实体店是投资，创业是投资，学习是投资，那为什么买房子不是投资？

创业还是买房，也得综合自己的性格来看。

我一朋友，限购政策还没出来之前，卖掉手里两套旧房子，两年之内买了三套新房子，政策一出，她直呼感谢自己的决定。

她跟丈夫两人，一生没什么野心，就喜欢喝喝茶、钓钓鱼、逗逗孩子，没想过创业，也不怎么旅行，一家人过得自在，如今生活条件越来越好，很大程度得益于买房子买得早。

另外认识一人，辞了职，雄心勃勃地开公司租办公楼招员工，没多久因为管理不善倒闭了；"贼心不死"，又联合朋友加盟连锁店，最终经营不善又关门了。他过于内向，处事优柔寡断，不善管理，资源少，对行业风向不敏感，人又有些懒惰，只凭着内心一腔热血，完全不能承载梦想的重量。

于是后来听到他的哀怨，前前后后投进去的上百万，真不如买房来得划算。

所以如果真要在创业和买房之间做抉择，那你一定要分析自己的性格，包括情商和智商。你得知道，自己适合做什么，能做什么和做不了什么。

最要紧提防的，是那些明明自己买了房，却劝说你为梦想买单的人，站着说话不腰疼的，一律不要信。

这世界上拿全部身家砸事业的人很多，成功的人却很少，柳传志、俞敏洪、马云、马化腾很牛，他们的孤注一掷换来大好江山，可成功无法复制，到了你这里，也许就成了反例，你得清楚自己是不是创业的料，是否具备当老板的潜质。

如同要不要结婚，要不要创业，要不要辞职，要不要留学，买房一定是个因人而异的概念，别人云亦云，看自己所需。

如果你需要它，它便是刚需，千金不换。

你有多自律，就有多自由

那些贪图小便宜的人，后来都怎么样了

1. 不被丈夫领情的贤惠

前不久去办新房的装修许可证。

排在我前边的是一对夫妻，交押金拿收据，本来十分钟可以走完的手续，他们争执了一个多小时。

那位女士对工作人员反复解释，她们会自己清理装修过程中产生的垃圾和废弃物，所以不准备交纳垃圾清理费。

工作人员按照规章制度办事，表示这是所有业主需要统一办理的程序，没办法例外。

女士又说："这样，我们暂时不交钱，等装修好你们派人检查，一定合格的。"

工作人员又解释道："我们没办法派出专门的人固定守着您家，毕竟小区里这么多业主，实在也没办法分清楚是谁家的垃圾，还请您多体谅。"

第三章

一个人的教养，藏在细节里

女士继续道:"我这人一向说到做到的,你信我,我这垃圾自己找小推车运走,不会妨碍小区新面貌的,真的。"

工作人员仍旧不同意。

双方互不妥协,僵持不下。

整个过程,那位女士的丈夫不发一言。

他坐在椅子上,怀里抱着公文包,手里拿着资料,面无表情。

直到那位女士起身去打电话,不知道是找销售顾问说情,还是找其他人帮忙。

她丈夫终于长叹一口气:"唉,这叫什么事儿啊?"

其实,按照他们家的房屋面积,垃圾清理费也不过几百块钱。

最终的结果是,她丈夫啪地摔了手里的资料,喊起来:"你这是干什么啊,地砖要最便宜的,门窗要最便宜的,整个装修都是廉价的东西,现在连清理费都不要付,我们又不是花不起这些钱,你干吗啊,你何必啊。"

说到激动处,长叹一声,转身离去。

女士还在纠结:"我这也是想多省点钱好好过日子啊,我也是为了这个家啊,真是。"

为了坚守她所谓的勤俭持家,为了几百块钱的垃圾清理费,她在众多排队等候的人前面,与工作人员争执了一个多小时不肯罢休。

然而,她的贤惠也并没有得到丈夫的领情。

你有多自律，就有多自由

其实她始终没想明白，她努力想要省下的这几百块钱，对她的富翁之路全无益处，对她的内心自尊成长也毫无帮助，甚至伤害了她丈夫及自己的面子。

2. 锱铢必较的贫穷思维

其实有的人并不穷，可长年累月的计较，让他的思想和行为里，到处充斥着"能占便宜绝不花钱"的贫穷思维。

他以为抓住了省钱之道，便能够把日子过好，殊不知人生的每一步路都有它的用意，一个人在锱铢必较里所失去的，远远大于得到的。

想起一个不算太熟的朋友，多次抱怨他们家小区的地下停车位太贵，价格都可以买一辆车了，而地上停车位又需要每年摇号才能租用，比较麻烦，其实他也不是买不起，但他就是觉得这个钱花得不值。

正好小区外邻近马路的地方划了一排免费车位，这位朋友觉得终于找到省钱之道了。

于是经常在群里炫耀："买车位的可都太傻了，花冤枉钱，你看这免费车位，多好用，省时省力又省钱。"

总之，他不光自己不买，还到处宣扬车位无用论，鸡肋、浪费钱，反正最好别人也不要买。

如此一段时间之后，他终于消停了。

听人说，他跑去买了车位。

为什么？因为路边的免费车位行情紧俏，总是被占满，他为了让自己爱车有固定居所，周末从不敢开车出门，因为一开走，立马有别的车补了进来。

于是每天一有时间他就去转悠找位子，找到了赶紧开过去，找不到就只好临时停靠，而在这些临时停靠的地方，经常被贴条扣分罚款。

他后来再买的时候，比最开始买车位的人多花了两万块，因为在他争夺路边免费资源的时候，车位价格已悄然上涨了。

这哪是省事省力又省钱，分明是耗时耗力耗钱。

看似占便宜，其实得不偿失啊。

目光短浅的人，总想钻点漏洞贪点便宜，可时间总会告诉他们，什么叫花钱买教训。一个人如果总喜欢贪便宜，日积月累，只会拖累自己的时间和格局，在这样的性格模式中，人生路会越走越窄，眼光也会越来越狭隘。

3. 贪小便宜的所得与所失

一个久不联系的朋友，在北京混了十来年，最终只攒够了在燕郊买房子的首付，每天光是上下班就得耗上三四个小时的时间。

其实，他本有机会可以不这么累的。

没买房的那些年，他跟爱人一直居住在亲戚家的房子里，亲

你有多自律，就有多自由

戚善良，不收任何房租，于是，他觉得免费的房子不住白不住，这一住，就是十来年。

其间，妻子也说起总这样住下去是不好意思的，不如攒钱买一套自己的房子吧，但他不以为意，贪图亲戚这房子的舒服，既不用付房租，也不用还房贷，没压力，当然，也没什么动力。

所以后来房价飞一般上涨的时候，他明显感觉到了力不从心，尤其是女儿快上小学，该从老家接到身边来的时候，他眼睁睁看着当年可以全款买房的钱，如今只够个燕郊的首付。

太贪念眼前利益的人，终究成不了大器。

他错过的，不仅仅是一套房子，更是自我的成长和机遇。

当你占了某些小便宜的时候，不如仔细想想，失去的是不是更多。

为着几块钱的菜跟小贩来回砍价，跟朋友聚会总想着逃单和白吃，有免费的绝不选付费的项目，每天研究哪件衣服打折了，每天定时定点地在群里抢红包。当一个人，内心不再有原则和坚持的时候，容易被小利收买的时候，他以为明白了生活的真谛，其实，他是在消耗自己。

没有人愿意与爱贪便宜的人交朋友、做生意、谈合作，没有谁喜欢结交唯利是图争长论短的人，没人喜欢市侩，久而久之，那些贪便宜的人失去的不只是人脉、关系，还有晋升的机会、发展的空间。

有计较的工夫，真不如去读几页书，与睿智的人聊聊天，研究工作专业技能，谋划职业规划方向，只要你肯研究，总能赚到更多的钱去买原价的商品，总能做到更高的位置，去买更贵的东西，去构建更宏大的格局，去见识更多的世面，认识更多的人。

时间具有唯一性和不可逆性，与其浪费在斤斤计较里，不如大气一点儿，大气的人，才能赢得这个世界。

没有钱不可怕，没有格局才可怕。

你有多自律，就有多自由

一个人的教养，藏在细节里

1. 吃自助的素养

昨晚与朋友约了吃自助。

由于是海鲜自助，自然少不了桌面上摆放成堆的蟹壳、牡蛎壳、扇贝壳、海虹壳等壳子，但我朋友的餐桌真是干净得可以媲美吃西餐了。

朋友面前只有三个盘，一盘是他要吃的海鲜或主食或菜类，一盘是些水果，还有另外一盘是空的，随时盛放扒出的壳子、骨头、签子以及用过的餐巾纸等。

我调侃他道："怎么吃自助也放不开，还摆着在办公室的架子？"

他笑道："没有啊，就是习惯了，吃什么就拿什么挺好，不浪费，再说，我这样把垃圾都放一个盘子里，待会儿清洁阿姨推车过来也方便收拾，直接端走就行了。"

见惯了"扶墙进,扶墙出",不管能否吃完、所有菜肴都先拿来再说的杯盘狼藉,甚至先吃哪种菜、后喝哪瓶饮料的种种吃自助理论,朋友这种"清汤挂面"式的温和真是挺惊艳的。

倒不是说,吃自助也一定要板板正正的不能放松,而是说,在一个允许你大快朵颐地方,你仍旧能够保持住本身的素养,仍旧能够把尊重别人看作日常行为守则,这也并非易事。

可以放肆的场合,却仍如寻常一般的收敛,实在太难得。

我这朋友,素日里为人也和善,开车的时候绝不争抢两三秒的黄灯,吃饭一定会跟服务生说谢谢,帮了别人的忙也满是谦虚,从不会让人觉得欠他良多。

我们总说他性子沉稳、成熟、有担当,其实综合起来,就是教养好、素质高,跟这样的人做朋友,真的是分分钟受益。

2. 一场孩子打闹中折射出的家庭教养

天暖的时候去公园,我儿子和另外几个原本不认识的孩子,玩到了一起。

其中一个大概七八岁的小男生,把一个小女生打哭了。

我们几个大人赶忙跑过去,终于在哭泣的小女生以及其他孩子的叙述中清楚了缘由。

原来,小女生捡到一个小玩具,还有几片树叶和棍子,打算做个小城堡,男孩子过来捣乱,把城堡一脚踩坏,还哈哈大笑。

小女生吓了一跳，继而跟男孩子理论，问他为什么搞破坏，并说要告诉他的妈妈批评他。

男孩子一边推小女生一边嚷：他妈妈是不会管的。小女生被推倒在地，又瞧见辛苦搭建的小城堡就这么被毁坏了，大哭起来。

其实孩子之间，少不了打打闹闹，磕磕绊绊也正常，但这个男孩子显然是故意的。几个大人唏嘘不已，本以为事情前因后果明了，应该就此结案了。

谁知道男孩妈妈并不管，反而大笑起来："哎呀，我儿子就是这么顽皮。"转而对小女生说："快别哭了，这城堡都是假的，你再重新搭一个就好了，乖哈。"

小女生妈妈见男孩妈妈没有责怪男孩的意思，就转身对男孩说："你太霸道了，这种行为不好，你爸妈为什么不好好教教你？"

男孩妈妈不高兴道："他一个小孩子，你至于吗？就你教得好行了吧。"

说罢，拉着男孩走了。

小女生妈妈哭笑不得。

对于孩子来说，这是一件可大可小的事情。

说小，是因为孩子们一块玩耍，并不能真正清楚明了地划清玩笑与打架的界限。

说大，是因为家长的处理方式，将会影响孩子以后的行为走向。

那个男孩妈妈，明明知道是自己的孩子错在先，却置之一旁，反而劝小女生息事宁人不要哭闹，这是典型的纵容，只许自己孩子放火，不许别人孩子喊疼。

这样的家庭教养，所教育出来的孩子，能好吗？那个男孩，下次遇见事情，仍旧不知道如何与人相处沟通，如何分辨是非，更不懂得要为自己所犯的错负责，他将继续作恶，直到以小见大，甚至走上不好的路。

家长有什么样的教养，就会教出什么样的孩子。

3. 细节最见一个人的教养

以前宿舍里有个同学，每次扔垃圾，都会分门别类。

有一次，她要扔掉一把不好用的小剪刀和一根针。

她特意跑到楼下的超市买了胶带，把剪刀的一端粘起来，把针里三层外三层地用胶带封起来，直到确认再也不会扎到人，这才放心地装进袋子去扔掉。

我爸爸是个很善良的人，对于前来求助帮忙的人，只要他能做到就一定会帮，从来没二话，小时候，他就教我，递给别人剪刀的时候，刀锋应该朝着自己，手柄朝着对方，以防伤到别人；吃饭的时候不要吧唧嘴，这种行为不好；跟别人开玩笑要有度，要懂得给别人留面子；站有站相，坐有坐相……

我跟秦先生才开始谈恋爱的时候，秦先生给我买了一部单反，

你有多自律，就有多自由

我爸知道后大发脾气，质问我："我给你买不起吗？你不能管别人要东西，想要什么我给你买。"

后来看到秦先生是真心对我好，不是哄骗瞎胡闹才放了心，他就是单纯地认为，我不能为了一个男人给我花点钱就跟他在一起。

其实，细节最见一个人的教养，也最见一个人的成长。

任何一项品质，在任何人身上的体现，都是公平的。

你有教养，就会结交同样有教养的人，你的圈子就会更加干净和美好。

你善待他人，就会得到更多的感恩和友情。

你真诚，便会同样遇见真诚。

你所做的一切，在将来某些时候，都会反映到你自己的身上。你的气质里，不但有你的教养，也有教养所带来的结果，好的，或者不好的。

越成熟的人,越明白得理要饶人

1. 一场闲话家常的投诉

和几个朋友去吃饭。

因为还不到饭点,餐厅里没几个人,服务员一副睡不醒的眼神和冷漠的表情,把菜单扔在桌子上就走了。

小周不高兴了,这顿饭是他请,因为吴哥帮了他一个很大的忙,可能觉得磨不开面子,于是他点完菜非要找经理投诉。

吴哥说算了,不是什么大事儿,投诉一顿,服务员半个月工资可能就没了。小周却不依不饶,直接喊了餐厅经理来包厢,意欲跟这家餐厅讲明白"客户是上帝"的道理。

餐厅经理赔着笑脸过来,还没开口,就被小周抢白一顿道:"你们这服务员的态度真差劲啊,我们来消费的,怎么还不拿我们当回事儿似的。"

吴哥赶紧摆摆手,示意小周先别说话,然后站起身拉开身边

你有多自律，就有多自由

的椅子，让经理坐下。

然后吴哥就跟朋友话家常一样，问："怎么样，挺忙的吧，看着你一副没精神的样子。"

餐厅经理坐好，笑着跟吴哥说："确实是有点忙，这不快年底了，定位子的特别多，见天儿的流水都要对账，最近经常凌晨才回家，我这连个囫囵觉都睡不好。"

吴哥真诚地说："可不嘛，赶着年底各种事儿都来了，我几年前做过餐饮，说真的，咱这行太不容易了，起早贪黑没个点儿，店里大事儿小事儿都得管，客人大事儿小事儿都帮忙解决，有时候真恨不得有三头六臂。"

说来也奇怪，吴哥有一种神奇的亲和力，跟餐厅经理聊了一会儿，餐厅经理就打开了话匣子，两人跟许久不见的朋友似的，相谈甚欢。

眼看菜也该端上来了，吴哥话锋一转道："不光咱们不容易，服务生们也不容易，一天到晚地站着，连口水都不顾上喝，但是咱们做生意，还是得注意调节自己的情绪，一来能缓解压力和疲惫，二来也是给咱餐厅树立个好的品牌形象，越忙越不能掉以轻心，不然砸的还是自己的招牌。"

餐厅经理连连称是，一边解释服务生们确实辛苦了，跟自己一样白天黑夜连轴转，一边跟吴哥表示这个建议提得对，不管多么累，也要明白自己做的是服务行业，态度肯定是要改的。

听完吴哥和餐厅经理的对话，我内心是佩服的。

吴哥不能拂朋友小周的面子，在小周一定要投诉之后，他尽管是用了委婉的方式，但终究还是把小周要表达的东西给表达出来了。

他同时也顾及了餐厅经理的面子，都是出来混的，不让别人下不来台，展现的也是自己的教养。

餐厅经理亦是不卑不亢，尽管被客户投诉，但他一方面替自己的下属员工解释，属于护犊子类型；另一方面对客户的好言相劝表示接受，没有嗤之以鼻也没有敷衍。

2. 精神层次是自身修养的发散

孔子的学生子贡曾问孔子："老师，有没有一个字，可以作为终身奉行的原则呢？"孔子说："那大概就是'恕'吧。""恕"，用今天的话来讲，就是宽容。

得理要饶人，即时刻要谨记宽容，这是一件很重要的事儿，它所代表的，不仅仅是一个人的情商，更是这个人对待人生诸事的宽容，是素质修养和精神层次的体现。

其实每个人的生活，都或多或少会经历些社会上的人情冷暖世态炎凉，有的人学会了斤斤计较睚眦必报，从而变得尖酸刻薄，觉得这个世界都欠他一样，事事都要争个明白。

有的人却越活越通透，修炼得一身豁达宽容，关键时刻，总记得留一点余地给别人，留一个台阶给对方。

于是，那些过于较真的人，路越走越窄，而宽容的人，却人

你有多自律，就有多自由

脉广泛，天地宽阔。

精神层次往往决定了一个人的人生高度，这种层次不是用金钱做标准，也不是以权力地位来衡量，是自身的一种修养，从内向外散发的气质。

他们明白给对方留生路就是给自己留退路，真正的智者，绝不会让对方无路可走，即便对方理亏。

女排教练郎平，很多年前，是女排队伍的功勋人物，获得无数荣誉，"铁榔头"的威名响遍世界，很多年后，她带领中国女排重回巅峰，再现世界级水平。

但荣誉加身的她，也曾有过一段不幸的婚姻，最终以离婚收场。

当媒体不断询问她，究竟是为什么离婚的时候，郎平却对此绝口不提，她说"我已经说得够多了，这样对他（指前夫）不公平，因为我有很多面对媒体的机会，而他没有"。

这样的大气，实在令人钦佩。

是的，她有很多面对媒体的机会，无论她怎么说，都不过分，但她选择缄缄口不言，选择给前夫一个公平的机会和安宁的生活，这不仅仅是对前夫的尊重，也是对自己那段婚姻的尊重和肯定。

不拘泥于过去，不较真于枝梢末节，才会有精力和时间去做自己喜欢的事情，才能在某个领域有所成就，才有了她一次又一次带领女排冲上高峰，令全世界瞩目。

这才是真正的智者。

3. 过于挑剔是内心力量缺失的表现

当我们做事的时候，不应该只图一时嘴快，只求在气势上压过别人，这种莫名其妙的优越感最要不得，就像饭局里的小周。我始终觉得，一个人的言行举止就是他的名片，狭隘的心态无异于给自己画地为牢，让别人不敢和你做朋友，因为不知道什么时候就触碰到你敏感的神经，被你误会要损害你的既得利益，这样的情谊，实在太累。

其实在言语行为上，对他人过于挑剔的人，恰恰是自己内心缺失力量，才会处处与他人为敌，为自己设置一道又一道人际关系的屏障，所以路越走越难走，因为处处走不通，没人喜欢跟锱铢必较的人长期往来。

而聪明的人，则懂得什么时候该认真，什么时候该四两拨千斤，与人留白，给自己留白，与之交谈如沐春风，他们心里想的不是利益，而是情谊，与其树立敌人，不如交个朋友，毕竟，朋友多了路好走。

即便你有理，也实在不必占据道德制高点，疯狂踩踏别人。

所有的人际关系交往中，我们都是在寻找共情的那一部分，所谓鱼找鱼虾找虾，绿豆找芝麻，你是什么人，就会交往什么人，你的层次如何，就会遇见同样层次的人。

当你心怀坦荡，懂得为他人着想的时候，必然也会遇见更多为你着想的人，这些层次的累积，注定了你的人生将处于怎样的高度上。

你有多自律，就有多自由

从前喜欢谈情说爱，后来一心只想发财

1. 那一低头的温柔，透着向世俗妥协的痕迹

去楼下做美甲，听干练漂亮的老板娘念叨了近三个小时。

店里新加了两张按摩床，她学过中医针灸拔罐，可缓解疲惫和压力；又拓出了一面墙，挂上各式内衣，是她新加盟代理的品牌；也新引进一批精油，她说不只爱护脸，也要爱惜身体。

这些捎带的便利会为她增加额外的收入，她有些自喜，更多的却是忧虑：你说我这店里还能增加些什么？

我笑她，一门心思只想赚钱。

她说，因为从前赚得太少，现在反而欲望强烈。

她17岁时恋上一个男人，以真爱之名荒废学业，私奔外出打工为生，年轻不懂事，认为爱情便是一切，一切都抵不过爱情。

却不曾想世事艰辛，早恋的年轻人，受制于父母打压，缺失经济来源，日子过得捉襟见肘，住地下室，拿一千元的工资，上

顿不接下顿，颠沛流离。

有情从来不会饮水饱，只会让你饿、更饿，画饼都没办法充饥。

于是在面对房东涨房租的时候，面对菜贩缺斤少两的时候，面对超市大促销的时候，她逐渐练就铜墙铁壁，从战战兢兢到百毒不侵，从俏脸红透到脸皮厚厚，只因那微薄的利益，是她生活里全部的支撑。

辗转几年，她倒是与那个私奔的少年结了婚，有了孩子，只是丈夫薪水微薄，家庭开支全靠她学到的美甲手艺，她却不改泼辣性格，一言不合就与客户开吵，二话不说赶人出门：这钱不赚了，也不允许你挑剔我的手艺。

但是，当她意识到孩子逐渐成长，却只能上最便宜的幼儿园时，她终于开始弯腰低眉、恭顺有礼，对挑剔的客人说尽好话，对难缠的女人千依百顺，对所有人温柔细语，她笑："看在对方付账的份儿上，爱说啥说啥，爱咋地咋地吧。"

孤傲凛然统统不见，取而代之的是被岁月摧残的面容，时光早已一去不回，当年的任性张狂现世报一样，让人受尽委屈。

她说，彼时以为爱情是天，后来发现，那个抽烟喝酒打牌耍游戏的男人，也不过如此。于是千锤百炼，打造金刚不坏之身，再也不信任狂热的爱情，只坚定前路行走的信念，握在手里的钱和银行卡里的余额，是她后半生的信仰。

她帮我的手指做护理，那一低头的温柔，透着向世俗妥协的

你有多自律，就有多自由

痕迹。

2. 你要明白，所有的精神层次都是以物质为基础的

二十来岁的时候，满脑子都是情情爱爱、生生世世，一个个像活在琼瑶剧里，七十八集也演不完的样子，天桥下散个步都觉得浪漫；手牵手轧压马路冻得打哆嗦也坚持认为幸福；偏要做扑火的飞蛾，偏要不谙世事地爱着，以为淬火之后是圆满。

哪来的圆满？谁能给你圆满？

你可知这世上，吵架分手，分居离婚，一幕幕都不过是稀松平常的戏码，在人间每天上演，只有你才拿着爱情当饭吃，以为是在天堂。

年龄越大越发现，那些吃醋争执，实在是没意思，也不知道当初为何心心念念，哭哭啼啼地查询着对方的聊天记录，为一点小事便闹着离家出走，他出差你失落，他应酬你不安，他送女同事回家你简直要爆炸，你所有的快乐和悲伤全部寄托在男人身上，你说这是爱情，我却觉得是折磨，是消耗，是相看两厌。

大家都是成年人了，实在没必要上纲上线地查岗斗法，有那会儿工夫不如想办法赚点钱。在你失落难过无助垂泪的时候，可以在五星酒店的总统套房缅怀，而不是60块钱一晚的小旅店；可以在环太平洋的游轮上打高尔夫，而不是在楼下公园抹个眼泪还怕被熟人看见；可以去布拉格广场喂喂鸽子，说不定能偶遇梁

朝伟，而不是一转身看到流浪狗冲出来吓一跳，手里打折促销的酸奶散落一地。

努力赚钱，不是要你贪恋尘世名利，而是要你明白，所有的精神层次都要以物质做基础，当你处于社会底层的时候，你也不会遇见更高层次的精神伴侣。

3. 你翻山越岭长途跋涉此生，不只是为了一个男人

我曾一度觉得，很多女人是被爱情和婚姻毁掉的。

她本有大将之风，创意信手拈来，方案惊艳全场，各种技能也在逐步成长，谁知道一朝嫁人，辞职相夫教子，他年再见，左手一篮菜，右手抱着小儿子，当年的灵气尽失，只剩下家长里短的诉苦，和对丈夫是否有外遇的提防。

她也可以平步青云，做事干净利落，待物方圆有度，为人落落大方，各方合作都处置得关系良好，为公司续约不断，却因为一场失恋，情绪久治不愈，干脆迟到早退，对周遭一切事物失去兴趣，连带着让自己也再无光彩。

这不算最坏的，最坏的可能是遭遇劈腿之后一蹶不振，面临小三困苦不堪，产后抑郁了无生趣，婆媳失和、狼狈收场……遭遇渣男、丧偶式婚姻，一件件一桩桩，连起来就是致命的一击。

那些曾以为的真心相待，最终成了笑话，于是你黯然退场，发现毫无退路。

你有多自律,就有多自由

何苦,何必?

你要知道,爱情是锦上添花,有最好,没有也可以,实在不值得你为之放弃职位晋升甚至可能是半生荣华;赚钱的能力才是雪中送炭,它让你自信、乐观,继续保持上进心,保持对生活的欲望,让你了解奋斗的意义,让你重新认识从前的自己和如今的自己,到底哪里不同。

你翻山越岭长途跋涉在人间走这一趟,不只是为了一个男人。

成年人的游戏规则,你做到了几条

随着年龄的增长,如果你感觉自己眼界拓宽,性情温和,待人接物愈加温和,那么恭喜你,你正在人生道路上良性而美好地前进,一切都会越来越好。

如果事实相反,你变得斤斤计较,麻木不仁,你为一点小事就暴躁难耐,为几块钱而纠结不安,与家人爱人无休止地争吵,与亲朋邻里什么关系都处不好,那你将在很长一段时间内都经历这种恶性循环的社会关系。

我们所有的努力,都是希望人生走在一条越来越好的道路上,所以偶尔看到自己之前的不足,并思考如何才能够保持自己的从容,是一件很重要的事情。

1. 眼高手低,是人生大忌

朋友公司曾招了个实习生,面试的时候豪情万丈,看上去是宏图远大、上进有为的好青年,但相处下来,发现不是那么回事儿。

你有多自律，就有多自由

实习生毕业于985高校，觉得自己身价了得，根本看不上当初才开始创业的朋友的公司。

见客户需要打印资料，他抱怨这都是助理该做的事情，连个文员都没有的公司还能叫公司吗？

写份报告，他也不上心，直接网上搜索下载，都不屑于修改一下，直接邮件发送。

逢年过节，看到其他朋友晒公司的年终奖和礼品，他又开始抱怨小公司什么都没有。

签订合同出了些小问题，他抱怨公司制度不完善，同事之间因为工作意见不合，他认定是其他人固执己见而自己没有半点问题，并最终把同事的行为归结为：小公司不能知人善任，只请得起没有学历的员工。

试用期一过，他就闹着要辞职了，其实朋友也没打算留他，但走之前，两人还是坐下来聊了下。实习生直言这个小公司无法满足他的梦想，他觉得才华施展不开，更觉得怀才不遇，坚持认为自己是拿年薪数十万，有独立办公室，有助理帮忙订机票的人，而不是如今在这尴尬的位置。

朋友说，那一刻他真是想笑，现在的青年都眼高手低到这种地步了吗？

眼高手低是一种过于骄傲的病，看不起任何小事，只想着一夜之间梦想实现，却不知道，每一个梦想都经过了日积月累，不断磨炼，积攒阅历，积攒经验，人生才有持续进步的可能。

你可以骄傲，但若过于恃才傲物，过于沉浸在不切实际的空想中，却忽略了手里该做的工作，并不是一件好事，要知道，性格和态度很大程度上决定一个人的人生轨迹，一屋不扫何以扫天下？

2. 工作是工作，生活是生活

张爱玲说："中年以后的男人，时常会觉得孤独，因为他一睁开眼睛，周围都是要依靠他的人，却没有他可以依靠的人。"

可世人，谁不是如此呢？

全职妈妈面对大宝二宝的鸡飞狗跳，容易吗？

才一二年级的孩子放学就要写作业到七八点，还有各种兴趣班等着学，容易吗？

创业者，闭眼是拉投资找资源，睁眼做方案做计划，容易吗？

正因为众生皆苦，我们才更应该理顺自己的态度。

工作是人生中一场必须的修行，生活也是。

不必把工作中的情绪扩大到生活的角角落落，不然人生毫无乐趣可言。

也不要让生活中的琐碎影响工作的心情，毕竟所有一切都会过去，影响职业发展、错过机遇，世间是没有后悔药可以吃的。

工作的情绪，最好在回家前消化完。

你有多自律，就有多自由

有时候，你在办公室忙碌一天却毫无头绪，下班回家还在想着开会的提议，于是孩子想要你陪伴玩游戏你充耳不闻，妻子喊你吃饭你大发脾气。

其实你的迷惘让你错过了太多生活的本质，我们努力工作是为了获得更好的生活，也为了得到更多的乐趣，实现自己的价值，但这种压力一旦带入到寻常生活里，就失去了它原本的意义，你如果静下心来，会发现在厨房里做一碗蛋炒饭也很有趣。

生活的琐碎，在上班途中咽下。

有时候，柴米油盐足以抹杀一个人全部的热情，让他浸透在婆媳大战、夫妻争吵的纠缠中，因为情人节来不及准备的礼物离家出走，因为朋友说了句不好听的话闹得满城风雨，因为邻居之间不和睦而大打出手……这些，都足以让你心思困顿，神伤不已。

其实犯不着，玩，你就玩得开心；学，你就学得认真；忙，你就一门心思地做事，不要让小情小绪影响你的人生大计。

3. 学会及时止损

朋友入职一家公司，薪酬待遇谈得很满意，于是整装待发，决定大干一番，结果进入公司几个月，发现掉入了一个巨大的陷阱。

当初谈的条件没有兑现不说，上司品行不好，几欲对她潜规则，且公司氛围不好，没有几个人有上进心，闲时不是玩游戏就是请假，一眼望去乌烟瘴气。

常在群里听到她抱怨，一会儿说自己遇人不淑，一会儿说下个月就递交辞职报告，一会儿又觉得一走了之太可惜。

由于她太纠结，本来好言相劝的我们也不再说什么，能说什么？她听不进去，你所有的劝慰都是白搭。

当一个公司无法为你提供升职加薪的空间，也不能给你带来任何进步和成长，更没有多年共同进退的情怀在其中，请问你停留的意义是什么？

你有纠结的功夫，怎么就不能为自己做一个详细的人生规划？看看自己要什么，能做什么，能改变什么，而不是一边要走一边停留的浪费时间。

工作如此，感情亦然。

公司前台莉莉跟男朋友谈了九年的恋爱，对方都没有要结婚的意思，每当她提起自己快30岁了，再不结婚要被剩下了，男朋友说还年轻不着急。

这样的男人，本就没有把你纳入未来计划，不分手还等着继续浪费青春吗？

一个人的成熟，最重要的表现之一，是学会及时止损。

精力和耐心，是经不起消耗的，你得学会把时间花费在值得的事情上，而不是浪费在让你心神俱伤的人那里。

你有多自律，就有多自由

4. 会玩的人，才有未来

我说的玩，不是让你泡吧、烂醉、打牌，而是要有一种生活态度，懂得自嘲，学会幽默。

朋友的亲妹妹，还不到30岁的年纪，已经是两个孩子的妈妈。按说她年轻，家庭氛围应该是活泼有趣的吧，但她却格外严肃。

孩子跟她开玩笑，她说没规矩，讲道理讲到孩子哭；丈夫跟她逗趣几句，她说一天到晚没个正事，不好好赚钱却嬉皮笑脸的。

一个随时把天聊死的人是没有未来的，你很难想象，她不到30岁的皮肤有多暗黄和苍老，整个家庭的氛围有多压抑和限制。

没有欢乐，她不快乐，整个家庭都不快乐。

但她姐姐，也就是我的朋友，却是个会玩的人。

周末陪老公去钓鱼，跟着儿子爬墙头，老公每一句俏皮话的梗她都能接住。她喜欢看段子手的微博，有时候也吵架，但吵着吵着就因为一句话哈哈大笑起来，对人从来没有隔夜仇，她活得滋润，老公和孩子也过得自如。

朋友和她妹妹的孩子，在不同的家庭环境影响下，性格也完全不同，妹妹的女儿胆小怯懦，从不敢对人提要求，别人一发火她就害怕，整天小心翼翼，看上去很懂事，其实是因为没有安全感。

姐姐家的儿子，却大方伶俐，有礼貌，情商极高，从幼儿园到小学，得到很多老师和同龄孩子的喜欢。

这样下去，两个孩子的人生，肯定是不一样的。

其实不会玩的人，输就输在了太较真上，事事较真，到最后却事事不如意，而那些会玩的人，因为有足够的爱和安全感做支撑，得以发展了更健全的人格，当然更具魅力。

5. 学会花钱

同时毕业同样年龄的两个人，最后是凭借什么拉开差距的？

一个是工作能力，一个是对钱的管理。

2009年金融危机的时候，我有两个关系不错的同学，一个省吃俭用攒钱在北京买了房子，一个每天跟朋友聚餐泡吧唱K旅行。

这么多年，我一直觉得人应该避免进入一个误区，那就是买房子限制了自己的事业发展。你一定看过某些文章，告诉你钱要用来创业，做自己喜欢的事儿，而不是还房贷。

没错，旅行是可以开阔眼界，增长见识，聚餐也可以拓展朋友圈，加强人脉。

但是，这不代表买房就是让自己困顿的压力所在，相反，早些年买房子的，如今大多已是中产阶层，而那些没买的，都不知道在哪哭呢。

倒不是说一定要买房，而是无论你薪资待遇如何，你都该知道，钱应花在什么地方才能够增值，你得有一个落实到具体的规划。

学会理财是一个成年人最基本的技能,如果连这个也不懂,你的钱也只是在银行卡里打了转而已。

会花才会赚,所以你一定得想一想,你的钱去哪了?

6. 管住自己的嘴

成年人之间默认的游戏规则是:顺话搭话。

倒不是要教你圆滑,而是想告诉你,直爽不应该被你用作口无遮拦的挡箭牌,口无遮拦就是情商低。

你已经是成年人了,可能上有老下有小,如果你仍旧以大庭广众之下揭别人的伤疤,才能显示出自己的优越感,仍旧在交流中自以为是地讽刺嘲弄对手,那就太幼稚了。

所谓静坐常思己过,闲谈莫论人非,说的是不要祸从口出,也不要逞口舌之快,有这工夫,真不如读本书、看部电影,最起码还能学到知识。

成年人的世界,无非就是摒弃幼稚、逐步成熟的过程,知道什么该做,什么不该做,知道自己想要什么,不想要什么,理智一些,镇定一些。人生很难,但当你掌握了一定的节奏,你想要的终能得到。

什么是勇敢？不要回头看

1. 过往的 18 岁只是回忆

2017 年底，朋友圈纷纷晒出自己 18 岁的照片，原因是网络的一个梗：最后一批 90 后已满 18 岁，从此告别青春，步入成年，而第一批 00 后即将粉墨登场。

一时间，这样刷屏带来的仪式感的确令人感慨和怀念，回想起自己的 18 岁，仿若就在眼前，其实已经过了很多年。

那会儿还没有美颜相机，网络也并不发达，会用 QQ 的人已然是走在了潮流前沿。证明友情牢固的方式，是去自助机器拍一组大头照，或者在毕业录上写满篇的真诚留言，拉着同学去操场遛弯，其实是为了看喜欢的那个人三步上篮，Mp3 里循环着梁咏琪的《凹凸》，在记事本上写下：你说你好孤独，日子过得很辛苦，早就忘了如何寻找幸福。天真的年代，以为几句歌词就已将人生看穿。

18岁的美好在于，它永远不会回来了。时光何其残忍，不经意间我们已历经一圈又一圈的年轮，所以当有这样的一个节点出现，我们终于找到抒发情感的借口，去缅怀自己逝去的青春。

想起有一次搬家，翻到好多学生时代的信件，同学们居住在不同的城市，买不起手机的年代，靠信件诉衷肠，还有些是被暗恋的滋味。我一向以为彼时的自己虚胖，又任性叛逆，却也收到过表白，岁月的优待，让人格外温暖。

可是，这些手写的情感，我多年没有拆开看过了，如果不是搬家，或许它们继续不见天日，那些久远的记忆啊，再也飞不进我的梦里。

凭良心说，如果让你重回18岁，你愿意吗？我不愿意。

所以我的怀念如此单薄，连一刻钟都没撑过，就轻飘飘地飞走了。

我一直拒绝保持太多的回忆，总觉得太幼稚了，处事过于任性，性格不够洒脱，关键是有着无法忽略的"婴儿肥"，一点都不美。

相形之下，我无比热爱今天的自己。

2. 你若强大，人生自会拾阶而上

从某种程度说，一个人时常生活在过去的困扰里，代表着他的不甘心。

第三章

一个人的教养，藏在细节里

假如十年前多买几套房子，今日的身价也许不可同日而语。

假如当年对暗恋许久的人表白，也许今天就不会孤身一人不想结婚。

假如当初买几个比特币就好了，如今已飙升到一万多美金的价格了。

假如那时候懂得体谅父母就好了，世间最悔是子欲养而亲不在。

那么多的错过，情感无法挽回，机遇不可重来，每次回想起来，都平添无数次的不甘心。

十年前的机会，十年后再也不会有了。

十年前爱过的人，十年后也不可能在原地等你来。

时光的不可逆和未来的不可预见，让人们丧失了前进的勇气。

失恋，不敢期待未来还有比前任更好的人出现，于是自怨自艾，痛苦万分。

失业，不敢相信还会有更好的职业岗位和创业成功在等待自己，以为岁月停滞在失败的一刻，于是迷茫百般，愁肠百转。

与人争执，未骂出口的话在脑海里过完，也说不出口，回家只好骂自己无能，竟然吵架都不会。

被人构陷，连与人对质的机会都没有，自尊顷刻瓦解，自信全面崩盘。

错过了房地产上升期，就以为这辈子都被掩埋在失败里，没买的那只股票,始终盘桓在心头后悔的位置。

没把握住的那次升职,让人陷入巨大的不自信里。

尽管人非圣贤,年少岁月避免不了兵荒马乱,我们终究无法未卜先知地学会掩饰情绪,亦不能在不自信的时候阅尽人情冷暖,也不一定具备未卜先知的本领,谁能想到金融危机之后的房价会迅猛增长到无法触碰的位置?

我们从少年成为青年再到中年,撞到了南墙,流血流泪,不肯罢休。

怎能回头呢?天真的人设总是很傻的,所有行为都显得英雄气短,所以我不喜欢那个年代,因为不聪明,导致从来不会因为年轻就心安理得。

直到后来,我才能按照经验总结出来:那些已发生却无力更改的事情,不如放下、不想、不念、不回头看,任由它在那里,我早已不在意,放下屠刀立地成佛。

这大抵就是人们常说的,很多事情并没有解决,只是它在你心里已经不那么重要,当它不重要的时候,你才可以放下。

人是勇敢厉害的生物,会在权衡利弊之后尽早放下,以有限的时间去做值得的事情。怯懦的人,将会死于走不出来的过往,毫无生机。

因为机会稍纵即逝,你焦虑迷茫悲伤愤恨压抑,所错过的,也许就是那次改变你人生的机会。

毫无疑问，18岁的你和我都远不够强大，可我们知道，只有强大。才能改变这一切，所以我热爱现在的自己，在一步步的努力中，强势盛开，人生拾阶而上。

3. 不要回头看，勇敢放下过往

很多人，在命运的洪流中纠缠。

朋友圈有个人，始终活在自己20岁那年，那年她父亲去世，哥哥赌博成瘾负债数万，母亲改嫁，好好的一个家顷刻之间崩塌。

她不过是个20岁的女生，尚未见识更宽广的世界，就走进一方狭隘的天地，那是阳光照不进去的地方。

时过境迁，伤痛总该复原，但她没有。

她按照母亲旨意相亲，只要对方愿意，她就愿意，从不敢挑剔一句，因为她卑微，将自己放在尘埃般的位置。

她参与工作，从不争取，对同事的取笑也不置一词。

她以为一生如此了，直到27岁，遇见 Mr.Right，她才发现，原来生活如此美好，才终于放下执念，从头开始。

平白浪费了那么多年。

不要回头看，人间事莫过于三个字：贪嗔痴。我们人生的常态便是在这几个字之间辗转纠缠，任高楼叠起，任明月西下，抵死缠绵，命中注定。

于是，我们又在这其中生出更多的情绪，始终不忘记自己的

你有多自律，就有多自由

蠢事，心心念念着要改头换面重新做人，不遗余力地贬低蔑视从前的自己。

不是这样的，真正的放下是从未忘记，但也不再提起，它不再有特殊的意义，也无法继续影响你，那么很好，你即将进入人生的下一阶段。

无论曾经辉煌还是落魄，别试着捋清记忆，最难得是糊涂；别回头看，即使从前的你支离破碎。支撑我们一往无前的，不是吃一堑长一智，而是不在意。

相信前方有更好的世界在等待你，而你，放下对过去的惦念，你值得拥有更好的。

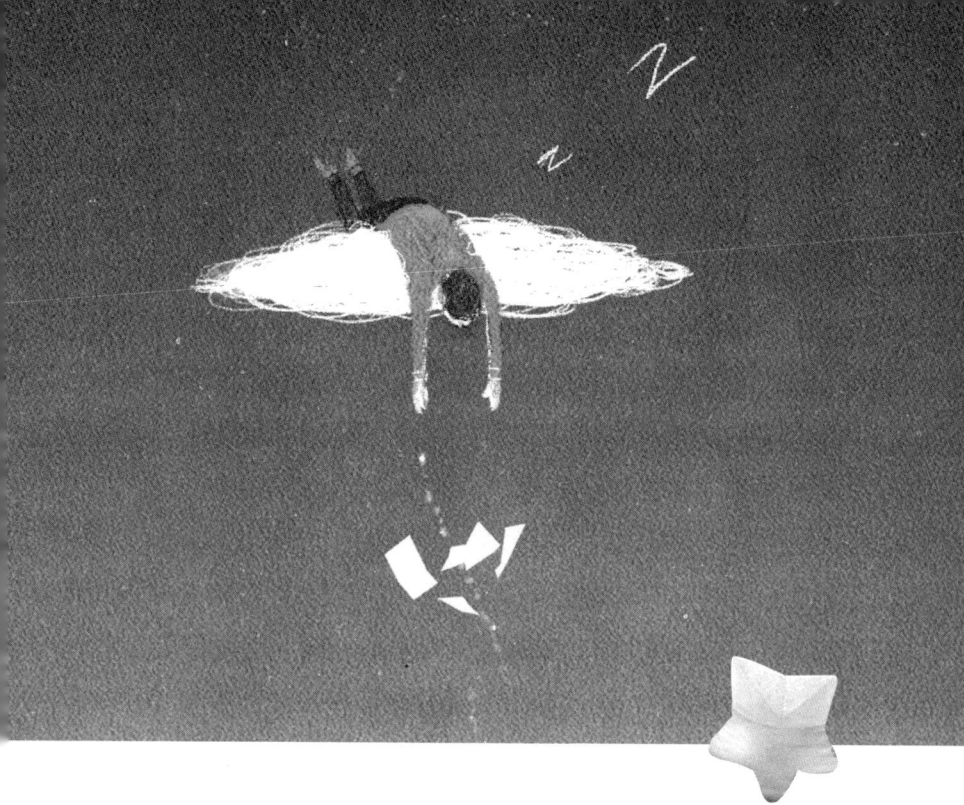

第四章

换一种心情，转身遇见另外的人生

你有多自律，就有多自由

下班之后，你愿意回家吗

1. 下了班就想回家的客户

你一定有过这样的恋爱时刻吧：一日不见，如隔三秋。

出差公干，在当地转悠，这个礼物别致有趣，要给她带回去；那种小吃浓郁可口，她一定爱吃；这里湖光山色美如画，下次，一定要带她一起来。

朋友聚会，心不在焉，往日里的嬉笑怒骂喝酒唱 K 都变得没意思，杯里的酒是她，墙上的壁画是她，聊着天突然走神想的是她，手机里停不下来的聊天记录是她，心里皆是她。

公司活动，还没开始就盼望结束，这里的应酬局面冗杂而漫长，不知道他在家里有没有偷懒不吃饭，不知道有没有和其他女生聊天，心里充满了小确幸，还有一点点不确定，好不容易忙完，手机里多个未接电话。

数着电脑右下角的时间，下班点一到，拎包打卡，冲进电梯，回家。

第四章

换一种心情，转身遇见另外的人生

那样迫不及待的爱情，大概是很多人生命里最能体现激情的时刻。但是，在数十年如一日的婚姻里，还能常见这样的激情吗？

曾随老板去客户的公司约见，正是夏天午后时分，空气燥热难安，一行人谈及合作前景，甚觉投缘。

不知不觉就聊到了下班的点儿，眼看着余晖下沉天色渐晚，老板邀请客户，去找个地儿吃饭吧，也好敲定合同的细节。

客户抬手看了看腕表上的时间，摇摇头说："不了，我还得去超市买些菜，该回家了。"

不是不惊讶，堂堂大区域总监准时下班去超市买菜的画面，在我脑海中立马上演，这世界上多的是你不知道的事情，比如，别人的爱情和婚姻。

回去的路上，听老板说，这个客户已经结婚十来年，有一个活泼开朗的儿子，有一个温婉贤惠的妻子，他做到现在的位置，也是历经战场付出很多辛劳的。

但他有个多年不变的习惯，就是如果没有什么重要到需要立即拍板的事情，他一定会把余下的工作安排到下一次会面；他所推掉的应酬，可能比我们老板参加过的应酬还多。

客户曾说："也没什么特殊的原因，就是下了班想回家，觉得家庭生活比外面的花花世界更有吸引力。"

因此，老板每次约见这个客户，都是卡时间的。

下班就回家，看似一件多么稀松平常的事情，却成为很多人

你有多自律，就有多自由

的"不愿意"。

我见过一些人，忙于各种纸醉金迷，沉浸于热闹喧嚣的圈子，仿佛在一切的排名里，爱人和家庭是排在后面的，美其名曰，要呼朋唤友，要拓展人脉，要赚钱养家，要功成名就。

可是没有人记得，在这其中，有很多的应酬是不必要的，有很多的人是不必见的。

久而久之，他们已经忘了回家的路。

2. 那些不想回家的人儿

电视剧《小别离》中有这样一幕：童文洁因为备孕查出自己患有子宫肌瘤，于是住院准备手术，偏偏方圆临时要出差，一出就是三天，结果，客户没见到，方圆原本要乘坐的航班因为天气原因取消，错过了妻子童文洁的手术。

童文洁躺在病床上提心吊胆浑身无力的那一幕，让人看着心里难过。

一个人的脆弱，在病房里体现得格外明显，踏入医院这种地方，总让人想到生死，童文洁很害怕，这是人之常情，哪怕一个小手术，你也无法保证百分百地不出意外，对吗？

然而，方圆本可以赶回来的，他的老板说："如果早知道你妻子是这种情况，你早一点说，这次出差你本可以不来的，我可以叫其他同事来。"

第四章
换一种心情，转身遇见另外的人生

老婆面临人生中第一次手术难关，你为了一场不必要的见面而缺席，这种事情，换作谁也会有些心寒。

不是的，我不是说工作不重要，而是说，在一些不必要的工作状况面前，我仍然觉得，病房里的家人最重要。

工作是为了谋生，交友是为了寻爱，除去谋生的时间，该寻爱的时候你没有去，那多半是已经爱得不深，或者不怎么爱。

阿狸说，她不想回家，大概是因为不爱了。

每次几个姐妹在群里聊天，阿狸总主动组局。

前天她说："我发现了一个聚会的好去处，今晚约不约。"

昨天她说："特别烦，谁有空出来喝酒啊？"

今天她又说："八大关的落叶一准儿好看，周末去吧。"

其实不必细问我也知道，阿狸总心情不好，是因为家里有一个同样不爱回家的男人。

阿狸并不是无理取闹之人，面对丈夫的工作量和应酬，她给予了最大的宽容，可是，冰冷的夜里，她急性阑尾炎发作求助邻居送她去医院的时候，她的丈夫与几个朋友在酒吧肆意潇洒。

她的爱情，被打击得分毫不剩，接下来的时光，大抵就只剩下如何处理这漫长的"凌迟"了。

3. 工作之余为什么不想回家

下了班的时间，在哪里，做什么，在一定程度上，可以代表着你的爱情和婚姻是否幸福。

有的人，即使吵了架，也要准时打卡回家。

有的人，即使不加班，也会想方设法约友组局。

如果一个人工作之余不想回家，要么被伤了心，要么正在伤害别人的心。

毕竟，爱一个人，总是迫不及待。

如果再没有期待和想念，那这段感情多半也快到了尽头。

爱情有三年之痛，婚姻有七年之痒，对方不再秒回你的信息，不再着急匆匆地去为你买一束花，也不再迫不及待地拥你入怀，那是因为热恋时期的激情渐渐褪去，也许拉着你的手像自己的左手拉右手，也许彼此心里笃定地知道，反正你不会走，反正来日方长，反正细水长流。

不管哪一种，这是时光久远留下的印记，没有办法，人都会变。

可是，如果有一个人仍旧愿意下了班推掉应酬，吵架也准时回家，为你做饭，陪孩子玩上几个小时的游戏，比千万句"我爱你"更让人感动。

没有谁的爱是一下子消失的，也没有人会在心凉透之后还一直在原地等你。

若你总是不回家，以后都不必回来了。

仅展示最近三天状态的微信朋友圈

1. 我就这样错过了她的生活

前两天,有个好几年没联系过的朋友,微信上发来留言,表示希望帮忙给她朋友圈的最新状态点个赞。

我看到信息的时候,已经是晚上了,只好翻开她的朋友圈去找,发现她的相册里只有两条状态,一条是需要我点赞的,一条是转发的一篇可能她觉得不错的文章,这两条状态的最下面,赫然有一排字:朋友仅展示最近三天的朋友圈。

那条需要帮忙的状态,她自己留了言:已经够了,谢谢大家。

于是,我就这样错过了她的生活。

她是我以前的同事,当年,我们的工作搭配和生活习惯都相当的契合,从朝夕相对的同事发展成无话不谈的好友,彼此都觉得能成为好姐妹就是天大的缘分。

那时候,我们也想象过作为伴娘参加彼此的婚礼,憧憬过退休之后一起跳广场舞,我们念叨着:闺密一生一起走,谁要做不到谁是狗。

后来,我们都没有做到,都成了那条孤独的狗。

我们各自结婚生子,在不同的城市定居,也许会在某个不经意的瞬间,想起当初的日子,然后又被眼前的琐碎扰乱,接着又是遗忘。

仅有的联系,恐怕就是曾经加了QQ、微信的好友,本以为就算不联系,就算大路朝天各走一边,最起码在突然想念的时候,还有个寄托,还可以到你的朋友圈一游,看看你的近况和改变,顺便回忆下往昔岁月,而如今,连这种纽带都被斩断,从此再没办法参与到对方的生活里,三天之内没看到她的状态,三天之后,连点个赞的权利都没有了。

朋友圈里一派云淡风轻再无只言片语,不知道你心里有没有生出失落的涟漪。

2. 朋友圈权限的设置意味着什么

朋友圈权限的设置意味着什么呢?答案是孤独。

我觉得,人们都越来越聪明了,不愿意在社交网络中继续露出蛛丝马迹,以防被利用、被揣测、被观望、被嫉妒,但同时,我们也越来越孤独了。

微信有一个好处,就是没有来访痕迹,你哪怕去看她同一条状态八百回,她也不知道你看过,这对你来说很安全,但于她来说,却是不安全,她需要防着你这种看八百遍又从不留言从不私聊的人,鬼知道你是好人还是坏人。

这种提防,让人越来越孤独。

村上春树有一本书叫《天黑以后》,整本书的时间都停留在一个普通的夜晚。

女主人公玛丽长期生活在完美姐姐爱丽的阴影之下,以至于半夜离家,宁肯在陌生人四顾的咖啡厅消磨时间,也不愿面对姐姐所带来的距离感,她那无法言说的自卑困扰着她,让她孤独。

那么,姐姐爱丽真的完美吗?在外人眼里是的,长得漂亮,多才多艺,既顺从又善解人意,这样一个美好的女孩子,却陷入了一场嗜睡中,不肯醒来,不愿醒来,或许在她的内心里,也在羡慕着妹妹的不迎合与自由,她同样孤独。

就在这个深夜,玛丽认识了高桥,认识了小薰,认识了一个被暴揍的妓女,认识了同样孤独的他们。但这个夜晚,她知道了妓女的孤单和渴望,知道了小薰的秘密,知道了高桥的憧憬,还知道了她与姐姐之间,实际上没有那么多距离。

最终,她要来中国做交换生,她重新对姐姐敞开心扉,她跟高桥留了联系方式,孤独地走向有希望的天明。

这个故事,结局是好的,黑夜之后,黎明终会到来,主人公们之间,从疑惑、困扰、距离、放弃,到交流、沟通、放下、

你有多自律,就有多自由

解脱……

从此变得不再孤独。

但现实里的我们,是完全相反的。

我们从无话不谈,为彼此保守秘密,到彼此再不交心,再到形同陌路,实际上就是逐渐走向孤独,因为我们不再相信别人了,意识里坚定地认为旁人都是别有用心的。

朋友圈的权限设置,就证明了这种孤独。

这是一段从开放走向闭锁的道路,没什么深刻的含义,只不过就是你开始认定,他人终是过客,你只有自己,遇到任何事,你都只有自己。

我们应该这样认知吗?这种认知让我们快乐吗?不,我认为,认知越多、越细,就越苦。

3. 微信朋友圈,就是你真实朋友圈的减缩版

朋友圈的设置又体现了什么呢?答案是踌躇。

很多人都告诉你说,微信的朋友圈不代表真实的朋友圈,但真实的朋友圈又是什么呢?当你连条微信状态都遮遮掩掩发了又删的时候,这代表你的自我认知和行为习惯都在发生变化。

简而言之,微信的朋友圈,就是你真实朋友圈的减缩版。

对状态的遮掩,说明你平时做事也开始唯唯诺诺思前想后不断纠结,发了又删,说明你一直处于自我肯定和自我否定之间徘

徊，前进一步，又后退一步，实际上还是原地踏步，不断地修改朋友圈权限，更是缺乏自我认同的体现。

这有点像没主见，又有点像太有主见，过于重视一些虚拟的东西，恰恰表明内心的不坚定，对生活不坚定，其实就是不够强大。

真正的强大，不是你设置了朋友圈的权限，而是你想发你就发，想关就关，那些没有关闭的，内心还是渴望着别人的关注。

一边渴望关注，一边自我删除，好让人们以为，你是特别的，是有魅力的，好让人们知道，你在这寸土之间，是有一方天地的，但你又害怕这方天地会被别人不屑，所以你只让别人看，而不让别人有回味和衡量的权利。

你犹豫着。

4. 朋友圈的设置又表达了什么

朋友圈的设置又表达了什么呢？优越感。

一会儿关闭朋友圈，一会儿设置三天可见，一会又改成半年可见，足以说明，你太重视这个虚拟的圈子了，你在这里不断地转换身份，想以此说明点什么，比如你是与众不同的。

无论是关闭朋友圈，还是设置了部分权限，其实都是当事人所认可的能够体现自己层次的一种方式。

我们晒，是晒我们以为稀奇和少见的。

我们秀，是秀心中所认为高级的。

你有多自律,就有多自由

我们转,是转旁人看不懂的,或者第一时间发布的。

这些都建立在一种自我的优越感上面。

就比如,朋友送了我们一些燕窝,从印尼过来的,拿货价是40块钱一克,对外卖翻倍,也算不上特别好的燕窝,但朋友送给我们是免费的,而且不少,所以我拿回家第一件事,先拍了照,然后发圈。

我秀的是燕窝的价格吗?在座的各位,比我有钱的多了去了,我秀的是朋友。你看,我的朋友真好,真大方,真够义气,他要送我一箱六个核桃,我肯定不秀,要送我一袋大米,我也不秀,但送燕窝我会秀,送澳洲龙虾我会秀,这是因为,我想让你知道,我的朋友有一定的品味和品质,对我很好,我想让你清楚,我的朋友关系好到不介意金钱的开销。实际上,我跟朋友们也会吵架啊,也会意见不合啊,但这些我才不会告诉你。

我在秀朋友情谊的同时,也是在秀自己所认为的优越感,我承认。

但这种虚荣心,过不了多久就会让我觉得自己庸俗,我甚至担心别人笑话我没见过世面,毕竟朋友圈可能还有经常吃100块一克燕窝的人家从来没秀过呢,还有朋友互相送LV爱马仕人家习以为常也没秀过的呢,所以我接下来没准就设置为私密状态,或者直接删掉了。

人哪,都是在愚笨之后才发现自己的愚笨,然后又试图掩饰这种愚笨。

我朋友圈有这么一这类人,他们从来不弄权限的设置,也不弄那些分组。

想发什么就发什么,你爱看得见看不见,爱怎么想怎么想,有时候一天能发十几条状态,发的图片参差不齐,照到哪儿就发到哪儿。

相对于我们这种拍照一分钟,修图俩小时,再花一小时想搭配文字的人,我更喜欢那些单纯却强大的人,让人想要靠近。

你有多自律，就有多自由

有一种朋友，交往起来特别累

1. 不怕神一样的对手，就怕猪一样的队友

认识的姑娘橙橙说，她自己其实是个善良的人，当然每个人对善良的理解不一样，她所理解的是，不在他人背后使坏，不陷他人于不义，也不落井下石。

她所在的工作部门，女人居多，虽说不上钩心斗角严重，但难免出现磕磕碰碰，所以，当橙橙遇到善良单纯的小N，觉得甚为难得。这两个姐妹深聊之后，发现经历多重相似，价值观不谋而合，以为从此可以打破"格子间内无朋友"这种模式，颇有些相见恨晚的意味。

然而相处的时间越长，橙橙就越苦恼，就越坚信"君子之交淡如水"才是最好的相处模式，到最后，橙橙说："我从前总是觉得物以类聚人以群分，想着多遇见一些善良的人，而不是耍心机的人，多结识一些实在的人，而不是太会来事的人。但我现在

才发现，很多会来事的人是情商高智商高，不是坏，很多实在的人也不是真的好，是缺心眼。"

在橙橙的眼中，小 N 就是这样一个缺心眼的人，有一次部门例会，讨论到工作量问题的时候，橙橙说工作量较大，确实需要招人，小 N 平时也总叽叽喳喳地说要招人，结果却在会议上脱口而出："其实橙橙你少睡一会儿，肯定忙得完。"

橙橙有些愣，大家素日里开些玩笑也是常有的，中午一个半小时的午休也是正常的，她只有一次睡过了头，小 N 就经常以此来取笑，没想到，这次居然被拿到了会议上来说。

橙橙说，她知道这不是什么大事，小 N 也不是故意陷害她，小 N 只是心直口快，可是，领导都在啊，当时场面很尴尬啊，这种影响太不好了。

小 N 因为口无遮拦吃亏不少，却总也不长记性，与同事发生口角，每每都是橙橙帮助调和；然而小 N 从来分不清谁是朋友，谁是点头之交，对待他人比对待橙橙好多了，却总是在需要帮助的时候，心情不好的时候，借钱的时候想到橙橙。

每次看橙橙有哪里不好，也不管什么场合当着谁的面，就对橙橙一顿抢白和贬低，橙橙经常觉得自己面子挂不住。

橙橙越来越觉得，跟小 N 在一起，还不如一个人待着自在。那句话叫什么来着？不怕神一样的对手，就怕猪一样的队友。

2. 有些单纯和实在，相处起来会非常累

年少时期喜欢交友，三五成群，嬉笑怒骂，觉得人生快意，立志不做世故之人，你有事说句话，必定仗义相助，哪怕将来七老八十也要对影小酌，把酒问月。

彼时，分外想把单纯当作美好留住，兀自认为说话直来直去是对别人的逆耳"忠言"，会来事儿是谄媚和圆滑的"象征"，极度鄙视那些既会说道又会做事之人，只喜欢心思单纯直来直去的人，久而久之，交友只看对方是否实在，而很少参考其他指标。

历经久远，才会发现，有些单纯和实在，不是善良，而是傻，是缺心眼，是情商智商双低。

和缺心眼的人相处，会非常累。

你不知道你的哪件事儿就被他轻易地诉之于众了，他的心里从无秘密可言。

你不知道他的心直口快给你造成了腹背受敌的影响，他却还沾沾自喜。

你也不知道，他下次到底还能做出什么无脑的事儿来。

3. 有些朋友，绝交要趁早

前不久，与好友老薛吃饭。

他感慨越来越不喜欢幼稚的人，交往起来很费劲，于是反思，

决定把某些愚蠢之人从朋友切换到萍水相逢模式。

老薛有个交往了七八年的哥们儿,唤作阿涛,人高马大,实在,没歪心眼,这两人以及其他几个同学在大学期间曾犯浑作乱,打架斗殴,无一不通,未毕业前,是小小的区域霸主,因此,几个人感情深厚,虽算不上出生入死,也能称作同甘共苦。

可是,老薛不想继续来往的人,就是阿涛。

阿涛人过三十,没有一技之长,文化程度不够,经常无业,关键是,思想总是停留在二十来岁,整日对他们说,"有人挨了欺负要告诉我,我帮你揍回去",可是,文明时代,大家都已成年,有家有业,打架早成了过去时。

既然无业,难免缺钱,老薛和几个同学好友成了帮助阿涛的最大救济站,念着往日情怀,想着阿涛困难,借给他的钱,从来不要,当然,他也不怎么还,这也没什么,也算不得什么大钱,总不能见他沦落困苦吧。其他好友也纷纷给他介绍工作,大家都想帮他,希望他的日子也能够好起来。结果,阿涛借了不还的钱,基本都拿去请小弟吃饭,去酒吧玩,去借给别人,没一次用在对的地方。

来来去去,光是老薛给阿涛有借无还的钱,没有一万,也八千了,老薛说:"没关系,这么多年朋友,我们不帮他,谁帮他。"

终于有一天,阿涛苦尽甘来,不知道因为什么得到了一笔钱,大约七八万的样子,对他来说,简直是一件天大的好事。

然而，他的钱，没用来请这几个朋友吃过一顿饭，没有提过从前借钱的事儿，更没有与朋友们感情更深，老薛说，互相熟知的圈子就那么大，阿涛的一举一动想不知道也难。阿涛与小弟以及新认识的朋友们日日酒肉相见，夜夜纸醉金迷，直到钱用完，阿涛才想起老薛一干人等，给许久未见的老薛发来信息：帮我充两百手机费吧，谢谢最好的哥们儿。

老薛回复：对不起，没钱。

自此，老薛决定正式与阿涛划清界限，没钱艰难的时候才想起你，有钱潇洒的时候你靠边站，如果大家半路遇见互为利益也就算了，可他们交往这么多年，从20岁混到30岁，想想，怎么也是有些伤心的。

其实阿涛并不是圆滑或者见利忘义或者势利之人，他没什么坏心思，就是为人实在，实在得过了头，别人说什么都信，把老朋友的帮忙当成了理所当然，又把那些欺他哄他的小弟错认做了真心人。

所谓，可怜之人必有可恨之处。

"所以，那些坑你，却在别人那里做好人的人，不能列为朋友之列，绝交要趁早。"老薛说。

4. 交友也需规划

我一直认为，人生的早期规划很重要，这种规划，也包括朋

第四章
换一种心情，转身遇见另外的人生

友对你的影响，消耗你的，最好快速断绝。

其实纵观人生常态，你能发现，很多会办事的人，并不是所谓的耍心机；真正的善良，也不是心直口快，而是处处保全你的面子，是于万千人中首先考虑到你的利益，说话知道轻重，做事懂得分寸。

而对于缺心眼之人，连自己都无法保全，可能在这类人的世界里，连伤害了自己都不自知，你怎么能祈祷对方做事之前考虑一下你呢？

聪明的人，并不是圆滑和奸诈，而是有理智、懂进退、知审时度势、实在的人，也不是真的善良和无害，有时候，交友不慎，是自己对一些概念理解有误。

交友确实要交善良之人，但蠢人就算了，生不起那个气。

你有多自律，就有多自由

就算是最好的朋友，也没理由陪你一起悲伤

1. 在好友悲伤的日子里该不该开心地度假

假期结束，弯月却有点愁眉不展的样子。

不是因为节后的假期综合征，是因为节后第一天，她的好姐妹就和她闹掰了。

弯月的好姐妹，就称呼她为小 A 吧。

前几天，小 A 的儿子生病住院了，是肺炎，需要雾化和打吊瓶，这是小 A 第一次经历孩子住院，她非常焦虑，四处求问治疗方法，电话是打了一个又一个，朋友圈也连着发了好几条状态。

作为小 A 的好朋友，弯月自是义不容辞的前去探望孩子，还找到自己当医生的朋友，希望能够多提供点肺炎的相关信息给小 A。

这事情发生没几天，端午节假期就到了，弯月便随着老公孩子去了三亚旅行，行程是早就定好的，阳光沙滩椰子树，蓝天碧海比基尼，自然少不了要发朋友圈晒晒的，这一晒，就晒出了问题。

第四章
换一种心情，转身遇见另外的人生

弯月好玩，热衷于研究美食美景和当地民俗风情，每次发完朋友圈都有些朋友求攻略求酒店推荐的，聊得开心，玩得尽兴，加上弯月行程排得又满，就把小 A 孩子生病这事儿给忘了。

等她假期结束回到家的时候，才猛然想起，但没太在意，自己的女儿也得过肺炎，虽然需要输液治疗，但终归是能好起来的，于是，她只在微信上问了一句，许久，也没看见小 A 回复，弯月便去收拾屋子准备第二天上班的事情了。

等到今天早晨，小 A 还是没回复，弯月干脆打过电话去，电话里，小 A 很是敷衍，爱答不理的样子。做朋友这么久，弯月头一回觉得很尴尬，她不知道发生了什么，小 A 也不明说，只是态度大不如从前，仿佛多聊一句都是不能忍受的。

挂掉电话，弯月去翻小 A 的朋友圈，发现小 A 更新了好几条信息她都没看到。

小 A 说，孩子已经好了，多谢大家的关心和帮助，一件事儿就能认清真心，这次孩子生病也让她分辨出了谁真心待她，谁假意待她，真心待她者，她必将加倍回报。

小 A 还说，只能同甘不能共难的好朋友，并不是真的好朋友，只顾自己潇洒快活不顾姐妹愁苦焦虑的姐妹,亦不是真正的好姐妹。

弯月有些自作多情地认为小 A 写的正是自己。

弯月想起旅行这几天都没跟小 A 联系，她发的朋友圈共同好友在评论里聊得火热，小 A 也从没回复过自己一句。

你有多自律，就有多自由

弯月想不通，一大早就发微信问我，她是不是不该在好朋友悲伤的日子里开心地过假期？

2. 我们需要有人一起承受这个世界的不公平

其实我觉得，无论上学年代的拉帮结伙，还是上班时代的三五成群，甚至老年时期的广场舞搭伴，在我们的人生中，总避免不了会有站队的情况。

如果你有一个好朋友，她的朋友不一定是你的朋友，但她的敌人必须是你的敌人，不然她会义愤难平，觉得你不真心。

当你的好朋友正在历经磨难和困苦，正过得不如意，你便不能享乐，不能潇洒快活，否则这段友情就容易夭折，她会觉得你没良心。

你的好朋友遭遇背叛，你就不能秀恩爱，她会不满。

你的好朋友崴了脚，你就不能在她面前穿高跟鞋谈论你周末去参加了徒步旅行还认识了帅哥，她会嫉妒。

你的好朋友失业，你更不能提自己升职加薪的事儿了，庆祝也得偷摸的，否则，你就是落井下石。

《欢乐颂》里的邱莹莹，因为不是处女被应勤嫌弃而导致分手，就觉得全世界都抛弃了她。

她跑去客运站堵应勤和他的新女朋友，谁知画面太残酷让她恸哭不已，关关大老远地打车去接她，结果就因为两人言语不合，她质问关关为什么如此残酷，关关怼她为什么这样天真。

第四章
换一种心情，转身遇见另外的人生

邱莹莹便拿着盒饭钱给了关关，冷漠地说："你可真冷血。"

关关一下子爆发了，喊道：你说话前请三思好不好？你凭什么这么轻易地伤害我？

看过《欢乐颂》的亲们应该都知道，邱莹莹和关关是很好的朋友，两个人年龄相当，认识最早，玩起来也很投缘，每次遇到事情，两个人都会互相打气互相帮助，结果，邱莹莹却如此误会关关。

邱莹莹的认知里，她失恋，全世界就应该陪着她一起失恋，最起码，好朋友也应该悲伤地坐在她身边，陪她哭，陪她怂，陪她承受感情世界的崩塌。

她以为，她的痛苦已经到了极点，旁人不用吃饭睡觉不用交友上班，旁人不应该说一句重话，旁人都应该顺着她安慰她。

不然，怎么证明是好朋友呢？

我们需要有人一起承受这个世界的不公平，你不能一起，就会被出局。

一旦我们认识到身边的朋友原来并不真诚，她们自顾自地吃喝玩乐，无视着你的前途坎坷，你的心里百般滋味，但无一不是痛苦的。

你们彼此过得都幸福，那很好，你过得幸福而她不幸福，那就不太好。好的友情通常都是门当户对的，因为彼此之间可嫉妒可攀比可携手可分享的信息是守恒的。

一旦这个天平倾斜，一方高高在上，一方垂到地面上，这段

你有多自律，就有多自由

友情离着结束也就不远了。

这是人性，也是事实。

3. 君子之交淡如水才是最好的状态

可是，好朋友也是人啊。

好朋友也有自己的生活，有自己的喜怒哀乐，她也是独一无二的，为什么要在你的世界里扮演配角呢？

诚如你不是只有这一个朋友，对方也不是只有你一个好姐妹。

你应该知道，每个人都是独立的个体。

有一句在网络流行很久的话，是这样的：如果你给我的跟你给别人的是一样的，那我就不要了。

这句话用在爱情上，我认同，但用在友情上，我不赞成。

以前年少无知，我也曾对朋友诸多要求，认为无论发生什么事，朋友都应该是那个站在你身边的人，你笑她陪你一起笑，你哭她也要陪你一起哭。

可是后来，我深深地觉得，君子之交淡如水才是最好的状态，因为我们总是太把自己当回事儿，以至于，就不把别人当回事儿了。

扪心自问，当朋友悲伤的时候，你会24小时眼睛不眨地陪伴吗？你会一直面对她的疾言厉色和泪流不止吗？你会想尽生平各种办法甚至不惜耽误自己的事情去为她解决吗？你不会。

你只做你认为合适的，能力范围之内的，这不是自私，这是

第四章
换一种心情，转身遇见另外的人生

人生的常态。

就像弯月，女儿肺炎多次，她早已经掌握了各种经验，认为着急无用，好好养终会好起来，况且，她也帮不上什么多余的忙。

但小 A 不同，她儿子第一次经历肺炎，她觉得那么小的一个孩子，要验血、住院、输液，要躺在消毒水弥漫的床上，小 A 觉得天都塌了。

我们无法对别人的悲伤感同身受。

再好的朋友之间，也是有界限的。

成年人如我们，应该把人生格局划大一点，吃醋可以有，生气可以有，但有些情绪在自己心中过一遍，第二天起床之后，让它随着黑夜一起离开，才是最好的选择。

身为朋友，若你受伤，我必尽能尽之慰藉，我可以陪你哭，陪你怒，陪你醉酒，陪你难眠，但山长水远，我能做的与你所期待的也许会有出入，抱歉，我精力有限，除了陪伴你之外，我还有自己的生活。

所以，好的感情，是彼此学会界限分明，学会明辨是非，学会不那么孩子气，学会理解他人所能为你提供的，以及所不能为你提供的。

毕竟，不会有人一直陪着你，不会。

你有多自律，就有多自由

自由恋爱与相亲的区别

一女友，最近与我聊天总叹气。

基本上，不论你是聊雾霾赚钱化妆穿衣娱乐八卦，还是谈股论金说读书健身修身养性，她都能将话题弯弯曲曲歪歪扭扭拉回到年关将至父母催婚上面来，然后一脸苦兮兮地问你："人生如此艰难吗？这相亲得来的婚姻得怎么过啊？就算我大龄，我也必须嫁给爱情。"

我这姐们儿，与从前的我一样，对相亲深恶痛绝，之所以说从前的我，是因为我的思维认知发生了一些变化。

其实组成婚姻形式的双方，也无非就是那么两种情况：一种是经人介绍，一种是自己认识。

前者我们普遍认为是相亲，后者我们统一认为是自由恋爱。

客观来说，这两者之间，是有很大区别的。

第四章
换一种心情，转身遇见另外的人生

1. 初衷不同

不断相亲的人，无论是主动的，还是被迫的，基本上都是奔着结婚去的。因为着急，所以不再给自己时间等待。

相亲最大的特点，就是将彼此的条件摆在明面上来谈，合适则继续，不合适就 pass，换下一个。

坐下来，说正事儿，不要浪费时间。

一张谈判桌，你们两个。

你是老板、投资人，开一家健身俱乐部，三家服装连锁，有车有房，家里五口人，兄弟姐妹排开站，嫁过去衣食无忧，不错；她身材 S 形，前凸后翘，温柔体贴有耐心，还懂中医，适合娶回家当老婆。

双方外在契合，成交。

相亲本身，带着功利性质。

你们首先看到的是对方的条件。

以结婚为目的的相亲，说白了，就是一场计划好的预谋，通常情况下，这种婚姻会带着仓促和将就，还带着七大姑八大姨的促成、议论和建议，因此，恋爱时间通常较短，双方的外在条件虽看得明白，但内在的教养和素质到底是个什么鬼？彼此则不甚清楚。

而自由恋爱，最初他们不一定考虑过结婚。

爱情是一种莫名其妙的东西，或许在这之前，你设定了多种条条框框，异地的不考虑，学历低的不考虑，没有独立经济能力的不考虑，单亲家庭中长大的男人不考虑，太听妈妈话的男人不考虑；个子矮的女生不喜欢，身材不好的女生不喜欢，说话大嗓门的女生不喜欢，事业型的不要，太黏人的不要……

可是，当你真正爱上一个人的时候，你会发现，对方没有一条符合你的设定，然而你还是义无反顾地去爱了。情到浓时，你也会想想两个人的未来，但那还很远，在这之前，你们有足够的时间牵手、拥抱、接吻，你们有足够的空间去体验正常惊天动地的爱情，就算不结婚，也没关系，爱过就好。

相亲更注重目的，目的是结婚。

自由恋爱注重恋爱的过程，结婚大多是一种水到渠成。

2. 相处模式不同，感情程度不同

我曾一度认为，父辈婚姻十分无趣，他们在他们父辈的安排中，与才见过一面或几面的人组成家庭，能有几分感情呢？没有经历过炽热的恋爱的婚姻，到底有什么意思？

但后来发现，父辈的婚姻远远比我们这一代人的婚姻要稳定。

稳定的意思是说，不会轻易离婚。

相亲有一个很严重的缺点，在于他们并不十分相爱。

这样说，估计很多因为相亲得到幸福的人要来打我了，但事

第四章
换一种心情，转身遇见另外的人生

实是，因为相亲在一起的伴侣，确实不如自由恋爱的伴侣爱情充足，情感热烈。

其实以哪种方式结婚，与人的性格有关。

比如我这种，多愁善感，骨子里有强烈的自我认同感，自恋，强迫症，我不允许自己通过被人介绍的方式来决定下半辈子的人生，我只相信自己的眼光，所以，我必须独自把握爱情。

再比如我以前认识的一个女孩儿，她做事喜欢权衡利弊，极少冲动，情绪起伏不大。她谈过很少的恋爱，大约两次，均无疾而终，她的人生在十几岁的时候就被家庭规划好了，一路沿着考公务员、进事业单位的路子走下去。去年她相了一次亲，对方同样在体制内，双方觉得合适，相处三五个月之后，筹办婚礼。

这事儿搁在我身上，无法想象。

但在她那儿，理所当然。

我不是说他们不相爱，更不是说他们为了结婚而结婚。

我的意思是，有的人十分需要爱情，有的人不那么需要。

事实上，由相亲而结合的婚姻，夫妻双方相处的要更融洽一些。既然当初结婚是坐在一起谈条件，那么吵架也一样可以好好谈，反正你好与不好，与他关系不算太大，他不够爱你，你也不算十分爱他，所以对彼此没有那么多期待，你做得好，于他而言是惊喜，做得不好也在情理之中。

相亲在一起的优点是：双方相对独立。这种独立，包括经济

你有多自律，就有多自由

条件、人格、思想、价值观等各方面，在某种程度上，颇有一种你过你的，我过我的的气势。

比如你说晚上吃炸酱面吧，他不太喜欢，但也会说好、可以。因为吃什么都是吃，反正没有太大的欲望，也没有多余的抵触。

但过于相爱的人就不一样了，她如果不太喜欢就会想：你怎么光想吃自己喜欢的食物？不行，我不爱吃炸酱面，你得迁就我啊，得去吃火锅，不吃火锅就是不爱我。

自由恋爱的缺点也在此，双方情感过于充沛。

吵个架吵得天昏地暗，什么自残，离家出走，手机关机玩失踪，个个是大招儿，一定要闹到鸡犬不宁为止，对方一丁点不耐烦都能上升到"你不爱我了"的地步，但是爱起来的时候也是如胶似漆，你侬我侬，形影不离，一日不见如隔三秋，恨不得日日相见，在一张床上厮守地老天荒。

相亲在一起的人，因为相处时间短，没那么多时间谈恋爱，便没那么相爱，相处起来要平和得多，温润如水岁月静好；自由恋爱在一起的人，感情程度更深厚，更轰轰烈烈、热热闹闹，但也由于总是想让对方变得更好，想改变对方而起大争执。

所谓，希望越大，失望越大，没有期待，就没有伤害。

3. 消耗程度不同

其实我曾劝过别人，不要和过于相爱的人结婚，不要整天念

第四章

换一种心情，转身遇见另外的人生

叨什么嫁给爱情，一段好的婚姻，是幸福感较强，过于相爱的伴侣，不一定幸福感很强。

相爱太热烈，伤害会来得更猛烈。

爱得不热烈，争吵起来也相对不那么激烈。

过于相爱的人吵架，特别容易消耗彼此。

耳听与目睹过多场婚姻的破裂，有的出轨，有的离婚，有的甚至自杀。

有的经历了贫穷，住地下室，没车没房，吃一顿自助餐都要纠结良久。

有的经历了父母阻拦，拼死拼活甚至如同《奋斗》里的杨晓芸一样偷户口本，私奔到月球也要在一起。

有的拿出存了多年的积蓄为对方还赌债……

然而，尽管他们如此相爱，亦没有保住他们的婚姻。

走到尽头，是岔路口，一个向左一个向右。

罗马不是一天建成的，绝望也不是一件事造成的，自由恋爱的情侣之间，情绪更容易不稳定，不信你观察下周围，那些离家出走，自残，任性妄为，大吵大闹的，多是自由恋爱的。

因为人都是在自我觉得安全的范围内发脾气，你了解对方，你肆意妄为是知道他不会离开，所以就特别容易作死。

再加上，追求自由恋爱的人多感性，这就导致他们的性格成分里存在很多渴望浪漫的因子，一言不合就容易效仿言情小说里的片段，得个公主病什么的，吵架是很耗费精力的，长期下去，周而复始，婚姻的围墙早晚崩塌。

相亲在一起就不吵架吗？当然吵，只不过，他们很清楚对方不会为自己妥协得更多。潜意识里，他们不太敢无理取闹，一不小心煮熟的鸭子飞了咋整？他们会在小打小闹里缝缝补补，围城便在这种时不时的修补中稳固起来。

过于相爱，有时候是一种伤害。

4. 共患难的程度不同

夫妻本是同林鸟，大难来临各自飞。

真爱过的人，付出感更强烈，在某种程度上，他内心有一种巨大的道德束缚，如果对方遇到什么灾难，他不会允许自己袖手旁观，他得让自己变得伟大，才能对得住自己长久以来的付出，这就是为什么很多情侣可以共患难，却无法同富贵，考验一旦过去，那种付出感也会消失。

相亲比自由恋爱更注重物质条件，房产证加不加名字，是否有房有车，是否事业有成，因为他们内心知道，这不是纯粹的爱情，那么，婚姻里总得图一样吧？好了，就是金钱了。

所以，相亲的婚姻不太容易离婚。因为婚礼、彩礼一样不少，双方家庭都付出了大量的金钱、时间和精力，即使两个人想结束，也会考虑到当初的婚姻成本，从而选择让步。

而裸婚多发生在自由恋爱的伴侣中,被爱情冲昏了头脑的人,是听不进任何劝说和阻拦的,没房可以,没存款可以,没钻戒可以,嫁去农村也可以,对方有好几个弟弟妹妹也可以,于是,一入婚姻深似海,贫贱夫妻百事哀。

5. 相亲的婚姻更容易持久,自由恋爱只是爱了个够

其实一段婚姻的好坏,不是以两人是否相爱来衡量的,而是要看两个人有没有消耗彼此,有没有共同成长,有没有相同的乐趣,相似的笑点,合拍的性格,有没有不累的相处方式。

如果你自己的圈子过于狭小,相亲反而是多接触异性的好方式,如果你没有爱情不能活,也要理性一点,不要矫情地把言情小说里的片段拿出来当作范本,什么一辈子只有一次,无法赠予一个我不爱的人;什么一生漫长,我不要将就的婚姻;什么低质量的婚姻不如高质量的婚姻,都是虚浮的,看过就算了,别当真。

不论以哪种方式在一起,都有利有弊,重要的是你懂得婚姻之于自己的意义,以平和的心态,从容踏入自己人生的另一个阶段。

你有多自律，就有多自由

婚姻里最伤人的，并不是出轨

1. 因为不爱了，便再也伤不到

跟好友去喝茶。

她一边将茶斟了七分满，一边笑："你知道吗，我老公出轨了。"

我刚端起的茶碗差点又扔了出去，倒是显得比她还着急："那你怎么还这副不紧不慢的样子？怎么回事啊？太突然了。"

好友继续笑道："没什么大不了的，他们是同事，抬头不见低头见的，日久生情也正常，就是太不小心了，聊天记录也不删，结果被我看到了。嗯，说起来，应该是他年前出差那会儿的事，发生了些不该发生的，这都快半年了，我才知道。哎你们以前不都说我智商高嘛，是不是当时的测试有问题？现在看起来，我智商也不高啊。"

我一张严肃的脸被她说得有些哭笑不得道："大姐，这都什

第四章

换一种心情，转身遇见另外的人生

么时候了，你关注的点不对啊，你打算怎么办？"

她抿了一口茶，还是笑盈盈的："我们正在协议离婚，财产嘛，也没多少，就各自拿各自的，房子跟车子归我，也算是青春赔偿损失费了，他挺舍不得，还求我原谅，其实我有啥不原谅的？我并没有记恨他啊。"

好友与她的丈夫，恋爱两年，结婚三年，前后一共五年，五年多的感情，一纸离婚协议书就磨灭了所有的恩爱过往。

我还记得他们最初谈恋爱的时候，好友曾讲她做过一个梦，梦里他们分手了，有一天，两人久别重逢，不同的是，她孑然一身，他的身边则有了新的女朋友，几个人偏偏还去了餐厅小坐，好友亲眼见到分手之后的他为新女朋友剔除鱼刺，扒好虾仁，斟满新女朋友爱喝的果汁……

好友觉得无法忍受，在挣扎中醒来，发现那个梦里分了手的男人就在身边熟睡，呼噜声震天响，于是放下心来。

如果他在那个时候出轨，她一定是无法忍受的，一定会歇斯底里地报复，拼了命地挽留，甚至拖一辈子不离婚，因为她爱着，深深地爱着，连在梦里，都是对分离的恐惧。

可是他如今出轨，她可以坦然处之，她可以耸一耸肩就去领了离婚证，然后重新开始自己的小日子，因为不光他不爱了，她也不爱了，他便再也伤不到她。

2. 不爱，才是促使婚姻走向衰落的根本原因

我昨天发了一条微博，本来是有这样一句的：那些叫嚣着誓死不原谅的，多是些还未结婚的小姑娘，没经历过，才有原则。

想了想，还是删掉这一句，我不想被喷，也不希望引起公愤，但这一句，是真的，大多数婚姻都会遭遇一些危机，有的是金钱危机，比如没车没房；有的是感情危机，比如婚外情养小三；有的家暴，有的婆媳不和。还有的是些鸡毛蒜皮的小事儿，积攒下来，就足以消耗掉当年轰轰烈烈的爱情。

对于很多婚姻来说，爱情走向熟悉感，沦为亲情，这是不可避免的，我以前也说过白头偕老的不一定是爱情，有可能是习惯，有可能是善良，有可能是凑合，也有可能是没办法。

每逢有明星出轨或离婚事件爆出，就会有爆料说，夫妻二人早已离婚，但因为利益捆绑秘而不宣，实际上，娱乐圈之外，也有很多这种情况，有些事儿大家心知肚明，窗户纸就别捅破了，该干吗干吗，别让对方下不来台就好，人前恩爱，人后各睡各的。

很多人更理性，并不把爱情当作人生和婚姻的全部，你敢说邓文迪先后所经历的婚姻是为了爱情吗？这类人，野心和权力或许更能给她们带来快感。

因此，这种情况下，无论谁结交了新欢，对方都是不在意的，只要别让你的新欢影响到大局和利益，就 OK 了。

在婚姻里，不再相爱，就没有伤害。

在婚姻里，最伤人的不是出轨本身，而是出轨所映射出来的：你还在爱着，他却给了你最深的伤害。

所以，促使婚姻走向衰落的根本原因是：不爱。

让人痛苦的不是出轨本身，也是：不爱。

或者说，你还爱着，对方却不爱了。

心理失衡，才会激发矛盾。

3. 多分一些爱给自己和自己内心的世界

认识一对夫妻。

女人开了家手机店，认认真真地卖手机赚钱，男人呢，则到处拈花惹草，每个月都不重样的，甚至有一回，几个朋友聚会，他带了陌生的年轻姑娘来。

他的妻子知道后，号啕大哭，一个平时里特别注重妆容的女子，披头散发地坐在街边的马路牙子上，哭到最后，神情恍惚，一个不注意，就冲到了马路中间，好在那会儿车不多，好在有朋友拉着，不然一条命就没了。

饶是如此，她也没有选择离婚。

那个时候劝她离婚，大道理说尽，她也是离不了的，因为她还在爱着，在她爱着的时候知道这件事，打击也是最大的。

于是两个人陷入了吵架的恶性循环中，却拖了一两年都没离婚，我不知道后来如何了，后来我们都没有再联系。

在两性关系中，所有矛盾的激发都是因为一个认定了自己的付出，一个无视了这种付出并回馈了伤害。

这种伤害，出轨是其中一种，家暴、冷暴力、言论攻击、侮辱等也是其中一种或几种，他选择伤害，是因为不爱；她不离开，是因为还在爱，一旦到了不爱的时刻，不用人劝，自然就会放手了。

写到这里，我并不是对出轨存在辩解，出轨是不可原谅的，所有由出轨造成的后果和惩罚，都是当事人自食其果，我只是认为，不被爱，才是一切的根源，让人受尽委屈。

但尽管如此，我还是要劝你做那个不怎么爱的人，多修炼一点不爱，不是冷血，而是希望你在以后的两性关系里，受伤害的指数小一点。

我们的人生还有很多课题需要处理，就不要在爱情里活得那么感性了，多分一些爱给自己和自己内心的世界，才是正经事儿。

第四章
换一种心情，转身遇见另外的人生

"我得了癌症，你一定很高兴吧？"

1. 这就是你爱我的本意吗

我去医院做了个体检，坐在大厅的椅子上等结果。

忽然听到坐在隔了两个位子上的大姐说，"你一定很高兴吧？"

我转过头，在医院这种地方的对话，最高兴的事莫过于拿到无病无灾的检测报告吧，身体安好，自然心情愉悦。

几乎是一瞬间，我想着，这应该是一场如释重负的对话。

然而，我转过头，却看到了她右手边的大叔大为震惊的神色。

他看着她，渐渐地，震惊转为沉默，随即低下头，手里攥着装有拍好的片子的塑料袋，手指关节的泛白似乎证明了用力不轻。

他说："这是什么话？这么多年，我对你怎么样你应该很清楚。"

她也看着他，神色里满是苍凉，最终还是笑了："是啊，很清楚，这么多年，你经常做饭，也洗衣服，你经常一块喝酒打牌的朋友里，有几个做家务的呢？

"你没出轨，以前有小姑娘主动追你的时候，你都没有过二心。

"你对我挺好的，给我洗过头，洗过脚，看到喜欢的东西也会给我买。

"每次吵架，朋友们都说让我知足常乐，说我找不到比你对我更好的男人了……"

大姐也不过四十来岁的样子，说着这些话，似是娓娓道来，又似是隐藏着某种不想表达出来的情绪。

"可是，老李啊，我一点也不开心。

"你好赌。因为玩牌，你把家底输干净了，还欠过很多钱；因为玩牌，你跟人打了五次架，有四回进了拘留所；因为玩牌，你错过好几次升职的机会，最后自己开个店，也是三天打鱼两天晒网；因为玩牌，我跟你吵架，你打过我两次……

"这些年，我一直想帮你改掉这个坏习惯，我劝你，开导你，软硬兼施，我想给你一个温暖的家，你可能就收敛了；我想对你疾言厉色，你可能就会有点害怕，也许就回心转意了；我宁愿你在外边养了个情人，也不愿意你整天赌钱。

"每次我们吵架，都是因为赌钱，为着这个原因，我甚至连买彩票的人都不喜欢，一切的赌博形式对我来说都成了条件反射。

"我始终不明白,你说爱我说了十几年,怎么就没有戒掉赌钱这个我最反感的事情呢?我们儿女双全,你没输掉钱那会儿条件还不错,本可以幸福的。

"你别说,你的努力真没白费,医生说积郁成疾,我终于气病了,而且现在连手术费都凑不齐。

"也好啊,早走几年,就少生气几年。

"老李,我被你气得得了癌症,这就是你爱我的本意吗?"

说着,大姐站起身,迎着医院大厅的落地窗走去,那里是出去的正门,阳光照进来,我看到她的背影,缓慢而苍老地离开。

只留下呆若木鸡一句话也说不出的大叔,突然双手捂住眼睛。

我知道,他哭了。

2. 你真的知道怎么去爱你的爱人吗

那一刻,我也很难过。

为那本可以避免的命运,也为那无力更改的命运。年轻的时候,我们总是把"我爱你"挂在嘴边,仿佛这是世间最完美的承诺,说过这句话,就好像真的做到了一样。

如果有人说爱你,你在他那里就拥有了一块免死金牌。

胡作非为有他顶,任性亦能作纯情。

可是,为什么明明相爱,却三天一大吵,五天一小吵,生生

你有多自律，就有多自由

把想要白头偕老的决心，吵到想半路离婚？

你真的知道怎么去爱你的爱人吗？你爱人的方式用对了吗？

你以为，爱一个人，就是要细水长流地牵手，慢慢悠悠地白头，要实际的蛋炒饭，而不是烛光晚餐的浪漫，那太费钱。

你以为，苹果才是最好的水果，而不是榴梿那种气味怪异的东西，于是你给她买苹果，全然不顾她十分痴迷于榴梿。

你以为，给她洗个脚就好了，做个饭就好了，买点零食就好了，却每每打游戏至深夜，对她的唉声叹气不管不顾，不问不改。

你以为，给她花钱就行，却从不陪她旅行，不与她的父母沟通，不招待她的朋友，也不管她的亲人是否安好，你说"我工资卡都给你了，对你还不够好吗？"

你以为，她不喜欢你喝酒是无理取闹，哪个男人不抽烟喝酒？她生气了？哄完就好了，兄弟们，去哪儿续摊儿？留下原地的她和一句没来得及说出的话"你再喝胃出血了怎么办？"

你以为，在他熬夜的时候狠命地劝说和责骂，才是爱的体现，毕竟你如此关心他的身体，却不肯在他加班的夜给他煮一碗面，熬一份粥，你说，爱豆的电视剧更新了。

你以为，他不喜欢你跟异性单独接触就是心眼小，都说了只爱他一个人，他怎么还这么不尊重别人？你没有转过身，看到他吃醋的表情和撒娇的眼神……

太多的你以为了。

事实上，你以为的，真的只是你以为。

失望从此刻开始，一点一点堆积在心里。

也许你爱对了人，但你用错了方式。

3. 真正的爱是以你需要的方式去爱你

近来读《浮生六记》，林语堂先生说沈复之妻——芸是"中国文学史上一个最可爱的女人"，译者张佳玮觉得诚非过誉，甚至有了"沈复简直配不上他妻子"的念头。

其实在我看来，芸算幸运，在那个男尊女卑的封建时代，遇上视自己若珍宝的男人，是很少见的。

字里行间，均能看出沈复的迁就与改变，他喜好赖床，却随她早起；他觉得夫妻之间用"得罪""岂敢"这类话太生疏，却随着她渐成习惯；她独爱李白诗词风采，他便陪她煮酒弄月，品茗评花，生活情趣，堪称典范。

这才是真正的爱，以她需要的方式。

如果我真的很爱你，不用你强迫，不必你要求，我会希望你爱笑一点，健康一点，幸福感多一点，我自然会选择最好的方式去爱你。

一个朋友，以前夜夜笙歌，夜生活从不打折，换了几任女朋友，皆是因为对方哭诉与他在一起不像谈恋爱，他的世界里，兄弟朋友、喝酒打球、唱歌洗浴……任何一项都排在女朋友之前。

然而，后来他遇见了真爱。

现任说："他是世界上最好的男朋友。"

他一改从前贪玩之姿，下班就回家，回家还做饭，吃完了竟然洗碗，问及原因，他说："女朋友不喜欢做饭，而且她的手总是冰凉，得给她补回来。"

你大概已经明白了，真正的爱是什么样子，方式正确，姿势正确，爱她的大前提，就是以她的方式对她好。

而那些从来不顾及你感受的，不肯为你改变分毫的，多半首先爱自己，其次才爱你。

错误的方式，总是过犹不及。

我们习惯用自己的思维，去揣度对方的心思，想让他按照你规定的模式去发展，却从不考量，对方要的，到底是什么。

也许她想要很多爱，你却拿钱抵陪伴；也许她想要一个家，你当那里是旅馆；也许她只需要一个拥抱，你却说"哭什么哭，有什么事儿自己解决"。

你没有给到她想要的，却对着众人说："我很爱她，我带她见过我的每一个朋友。"

有时候我们以为的爱，也许恰恰是一种伤害。

有人问我，应该找一个什么样的人结婚，我说："首先，性格好的。"

一个性格好的女孩子，会让你觉得家庭越来越温暖。

第四章
换一种心情，转身遇见另外的人生

一个性格好的男子，会让你觉得生活有安全感。

性格好的人，比较容易接受你所提的意见，从而改正自身的缺点，小事儿不计较，大事儿多思考，两个人的相处才能得到长久的安宁。

并且，这是让你健康的好方式。

见过一些女人因为丈夫或出轨或懒惰或缺点斑斑从不改正，而灰心失望自暴自弃，整日以泪洗面。其实女人的身体最怕生气，万病气上来。

生离还好，最怕死别。

那是一生都无法弥补的遗憾。

从这一方面来说，父母之辈在朋友圈里所转载的养生之道，有一点我是认可的，那就是生气会导致生病。

癌症有潜伏期，每一种病都有潜伏期，生气是病痛的元凶，可能十几年之后，是你，亲手将爱人送到了医院的加护病房。

4. 只因不想错过那个了解自己的人

廖一梅说："这一生，遇见爱，遇见性，都不稀罕，稀罕的是遇见了解。"

"了解"这个词，凌驾于爱情和性爱之上，可见，多么难得。

这大概就是为什么，总有人离婚，有人出轨，有人爱上已婚人士，有人做小三……说到底，总是不想错过那个了解自己的人。

你有多自律，就有多自由

不了解你的那个人，大概就是让你生气的那一个。

开始的开始，你不一定怪他。

最后的最后，你可能会如同我所遇见的那位大姐一样，积郁成疾。

希望啊，你傻一点儿，少生一些气，身体是自己的，生活也是自己的。

还希望，你爱的人能懂你，会用你需要的方式去疼你。

第四章
换一种心情，转身遇见另外的人生

我像你一样年轻时，也喜欢过坏男人

1. 在爱情里做过的傻事

周末，姐妹们在包厢拿着话筒虚度时光。

时间快速地接近凌晨，众人还没有要散场的意思，我有些扛不住，便说明日清晨要早起上班，要提前归家。

阿若说："亲爱的，再等会儿，还有人要来。"

说话间，有人推门，是两个男人，叼着烟，痞里痞气的，T恤裸露之外的臂膀上，有清晰的文身，斜着眼看了一圈房间里的人，招呼也不打，径自走向了阿若的妹妹。

阿若妹妹坐在我左侧，只见她透出欣喜的神色，又有点娇羞地说："怎么才来？"

高个儿男子扑通坐在沙发上，向后一靠：正跟朋友喝酒呢，一听你这儿有情况，赶紧来捉奸啊。

阿若妹妹亲昵地推他一下，声音也嗲了起来："哎呀，我开玩笑呢。"

如此，一场姐妹聚会，很快变了味道，大家面面相觑，纷纷离场。

阿若把不情不愿又依依不舍的妹妹推上了出租车，拉着我去了汗蒸馆，一副通宵达旦诉衷肠的模样。

阿若问我："刚才那个男人，你觉得怎么样？"

我想起当时的场面，烟酒缭绕，痞气十足，目无他人，连最起码的礼貌也没有，便说："有点反感。"

阿若点头道："我也是这种感觉，可惜我妹对他爱得如痴如狂，任凭我爸妈怎么劝阻都不听。就在刚才，你说要走的时候，我妹悄悄告诉我，她给那个男人发了信息，说她跟别的小鲜肉在包厢里喝酒，那个男人这才过来的。"

这种桥段也不算陌生，哪个女子没在爱情里做过傻事呢？但以我跟阿若现在这样的年龄，听到这样的故事，不免无奈：我们毕竟已经过了喜欢痞子的年纪。

据阿若说，高个儿男子家庭条件不错，住在海边的别墅里，整日呼朋唤友，生活潇洒，目前单身，但原先有过一段婚姻，还有个两岁的女儿。

不知什么原因，与前妻离婚，女儿跟了母亲，他获得了探视权。

男子与妹妹通过朋友认识，一向眼光挑剔的妹妹却轻易被俘获，从此一发不可收拾，两人牵手、接吻、拥抱，该做的都做了，不该做的也做了,然后,男子没信儿了。

妹妹哭着问阿若:"你说他什么意思啊,我觉得他挺在乎我的,怎么突然又说我们只适合做朋友呢?"

妹妹与男子,分分合合,闹闹腾腾,到最终,只剩下她以别的男人来刺激他,才换来两人坐在同一张沙发上。

但即便如此,俩人也不算男女朋友关系,男子若即若离,不说分也不真正在一起。

2. 年轻时的爱情为什么容易夭折

年少的时候看古惑仔,觉得帅到掉渣,便心心念念着要找一个这样的男人,有抽烟时迷离的眼神,有拿着酒瓶子砸人的勇气,夏天遮不住的文身,眉间藏不住的痞气。

又或者,他花心滥情,你不离不弃,并以此为人生之乐,即使被虐到遍体鳞伤,也要挣扎着匍匐前进,然后回眸一笑说:"终于等到你。"

再或者,双方的爱是禁忌,但人就是这种越挫越勇的生物,家庭反对与道德约束皆不成砍断情网的理由,反而使得当事之人有了另外的一种惺惺相惜,飞蛾扑火不只是随便说说而已。

像极了偶像剧里的戏码,无论众人如何诋毁他、中伤他,她都坚定不移地相信他,相信自己是这部戏的女主角,他一定会摒弃所有的不堪,最终归来,三媒六聘八抬大轿娶她过门,从此王

你有多自律，就有多自由

子与公主过上了幸福快乐的生活。

所谓情人眼里出西施，便是：没有一种坏是真正的坏，没有所谓的不合适，他的坏只是别人的认为，对于陷入爱情里的人来说，目之所及，全部是他的好，只要彼此相爱，其余一概不管。

有的人正年轻，有的人年轻过。

年轻时候的爱情，很多都因此夭折。

太劳民伤财了。

越是不被看好的爱情，越是容易走不到最后，不是旁观者清，而是当局者终有一天自食其果，蓦然回首发现：为什么当初会喜欢上如此不堪之人。

可是，假若时光倒流，她也许会再次与那个后来瞧不上的人坠入爱河，爱情是肤浅还是深刻，全看你自身的力量。

你年轻，缺乏对事物本质的判断，就容易看人只看表面，从而爱错人；然而，我们年轻的时候，是不知道未来会发生什么事情的，我们不知道未来会遇见更好的人，不知道安稳比漂泊更幸福，不知道爱情大可不必劳民伤财，而是和气生财，也不知道一家三口围在沙发上看电视比深夜去酒吧买醉更令人艳羡。

年轻是用来试错的，即便所有人都反对你和他在一起，但你仍旧怀抱着无上的勇气，躲在他怀里想象着地老天荒。

当年轻的冲动过去之后，人，是会在时间中进步的，你的择偶标准开始提升至经济条件、社会地位、是否有责任感、是否可

第四章
换一种心情，转身遇见另外的人生

以保护自己等多方面，有时候，想起从前，只剩下摇头苦笑：不知道从前是如何瞎了眼，看上了那般档次的人。

3. 只是那个男人刚好装饰了她的梦

张爱玲在《金锁记》的开头说：我们也许没赶上看见三十年前的月亮，年轻的人想着三十年前的月亮应该是铜钱大的一个红黄的湿晕，像朵云轩信笺纸上落了一滴泪珠，陈旧而迷糊。老年人回忆中的三十年前的月亮是欢愉的，比眼前的月亮大、圆、白，然而隔着三十年后的辛苦路往回看，再好的月亮也不免带点凄凉。才华骄傲如张爱玲，回首与胡兰成的情爱过往，不知是悔，还是不悔。

他年长于她，几乎与她父亲相仿。

他无德，与她相识相恋之初，家中已有第二任妻子。

他滥情，与她相恋之中，一朝异地，没多久即与别的女子同居，恩爱非常，甚至后来，他在她面前与别的女人诉衷肠，好一派妻妾融融的场面。

他不忠，被千夫所指万人所唾，是人人痛恨而诛之的汉奸。

在张爱玲的人生中，即便被他如此辜负，仍旧不忍心看他颠沛流离，即便分手，也要附上三十万稿费，以此祭奠这场有始有终的爱情，然后他拿了钱，去了日本。

或许在她眼中，胡兰成只是那个才华横溢风度翩翩的男子，

你有多自律，就有多自由

他在某个时刻懂她，在某个时刻成了她心里的支柱，世人面前骄傲的她因此低到了尘埃里，她的爱情，是尘埃里开出的花。

也许，女人的爱里，有太多想象的成分，某年某月的某一天，他出现了，成全她所有的期待与憧憬，她想要打造一场倾城之恋。

"她爱的并不是那样一个男人，只是那个男人刚好装饰了她的梦。"

她要的，是她当时所需要的。

4. 有些爱情，离开要趁早

阿若说："我劝了妹妹很多次，威逼利诱全用上了，她也不听，其实我很想告诉她，前不久，我去参加了一场活动，所识之人，均为人上人，男子绅士，女子优雅，所谈话题无外乎金融投资合作互利，如果你去了，看到的会是一个文身的痞子所不能参与进去的场合。"

"可是，我知道，我阻止不了她，我们都年轻过，也爱过错的人，也对他人的指点迷津而不顾，一心要呵护自己来之不易的爱情。"

是啊，不撞南墙不回头，这才是真实的年轻人生，经历过才会懂得自己想要的究竟是什么，当你年长后，你终于知道该如何绕开那些弯路，如何不让自己受伤，不那样跌跌撞撞，你也终于明白，当年的自己是如何的幼稚和任性。

第四章
换一种心情，转身遇见另外的人生

可是年轻的时候，我们谁能成为自己的诸葛亮呢？

你总是没办法任凭别人一句劝告，就放弃自己的坚持，你总要撞到头破血流，才知道什么样的创伤药最好，什么样的人不能爱，什么样的人会成为你小时候长过的水痘，一生只得一次，下次就免疫了。

但是，年轻可以试错，人生却不允许你一错再错，如果可以，在面对爱情的时候，适当理性一些。年轻不是放纵的借口，有些得不到回应的爱，有些消耗磨损你身心的感情，有些对你来说太"坏"的人，离开要趁早。

你有多自律,就有多自由

他爱不爱你,你心里没数吗

1. 不爱你的男人,不值得

有天深夜收到一女生的留言。

她倾心爱了两年的男人,劈腿傍上有钱女子,与她决绝分手,她心有不甘,夜夜痛哭,日日垂泪,每次痛到极致便幻想他能够归来,她不介意一切,只想重新开始。

终于,那所谓的有钱女子也不过是装出来的,以虚假的财产欺骗男人,男人失望,于是浪子回头,重拾旧爱,回归她的身边。

可爱情里一旦有了裂痕,一旦有争吵、不和,所有的不堪都会悉数冒出来,充斥其间,解不开的心结,让人绝望。

两人的相处再无任何默契情爱可言,多数时间是她不停地查岗怀疑,他疲于解释;她歇斯底里,他继续忍耐;她失落不平衡,他委曲亦求全……

尽管如此,他还是求了婚,在分分合合数次之后,于是,买

第四章
换一种心情，转身遇见另外的人生

房、买车、筹备婚礼、大宴宾客……周遭的一切都被提上日程。

她却开始恐慌。

那个从前傲慢花心的男人，变得体贴入微，细致百般，对她千依百顺。

她并不感动，反而觉得悲凉，因为房子首付是她拿的，写了两个人的名字。

原来是有所图谋。

她问我，她的焦虑是不是婚前恐惧？

我回道：不是，是你终于看清某些真相，终于渐渐在这段感情中抽离自己，你已经知道他不爱你，只是舍不得放弃。她发来苦笑的表情，道：是很犹豫，以前是怕他走，怕他不爱我，现在是怕结婚，怕和他这样一辈子。毕竟，一辈子那么长。

一辈子那么长。

婚前他尚可肆无忌惮地背弃你，婚后，若重蹈覆辙，你有再次承受包容他的勇气吗？

他为了婚房的首付，可弯腰可低头可下跪，你怎么能指望这样一个唯利是图的男人婚后真诚待你？

他跟你谈份子钱要拿出来给他做事情的时候，你以何断定这个男人为你有半分的考虑？他是否爱你，你心里早就有了打算，依旧执迷不悟，只是未到绝望之处。

一旦你心底某处开始觉醒，你的理智才能回来，回来告诉你，

你有多自律，就有多自由

不爱你的男人，不值得。

2. 眼里若没有爱意，哪里才有呢

恰好，吃早餐的间隙，听到一对情侣吵架。

男人一直保持着随时可以走的姿势，女子拽住他的胳膊，忍耐地说："我爸妈不是那个意思，他们询问你的经济条件就是关心我们以后的生活，没有看轻你的意思，你误会了。"

男人的眼睛看不出爱意，只能看出过分的不屑，他说："这还不叫看不起人？随便吧，爱怎么想怎么想，我有事先走了。"

一个男人的心不在焉，一览无余。

我从不以第一面论断事情和人物，但人性就是这样的东西，它没有那么美好，它充满了势利的挑剔。

女子的眼泪立刻涌出眼眶，又不好意思地看看周围，轻轻拭去，道："那你先走，晚上我们再聊。"

男人头也不回，第一时间从女子手里抽出了胳膊，毫无留恋。

也许只是寻常吵架，也许只是气上心头，可我总觉得，一个人的眼睛里若没有爱意，那哪里才有呢？嘴上说出的东西到底有什么用？没有抵达眼睛抵达心脏的爱，也不过是虚假的表面。

恋爱中的人，喜欢自欺欺人。

习惯了找寻一些似是而非的借口，给自己继续支撑的理由。

因为爱他已成为清晨的阳光，路边的街灯，雨后的彩虹……

第四章
换一种心情，转身遇见另外的人生

足以抵抗这人间的黑暗，足以抵挡冰冷的风霜，只要想一想，都觉得漫漫前路有了希望。

所以无法承受失去，所以付出更多爱的那个人，大于等于尿。

人生太孤独了，爱情成了最大的借助，风霜雨雪，千山万水，人群中认定你，再也逃不过去。

这些我懂，可你总要知道，没有任何人可以成为你的依靠。

他倾心为你，尚且无法保证一生如此，你又怎么能够凭借自我安慰，就把全部心意都交付于眼前这个若即若离的他？

傻姑娘，他爱你，还是不爱你，你心里知道的，只是不愿意承认而已。

你有多自律,就有多自由

一个女人的温和,在婚姻里到底有多重要

1. 攀岩馆里失控的妈妈

周末陪儿子去运动馆玩攀岩,遇到一对母子吵架。

那位母亲看上去非常生气,对着男孩喊道:"你怎么这么胆小啊,简直跟你那不争气的爸爸一样,这玩意儿也遗传?你怎么不遗传点儿好?"

男孩低着头不说话,母亲更气道:"赶紧爬,我花这么多钱给你办卡,你说不爬就不爬啊?我挣钱容易啊?"

男孩哇地哭出声来:"妈妈我不敢,太高了我害怕。"

这男孩也不过四五岁的样子,一直低着头,此刻抬起头来,眼泪就像断了线的珠子,特别可怜,眼看他的妈妈就要失控了,工作人员赶紧过来劝说,把母子俩带进了休息区。

后来,我儿子跟着教练玩得不亦乐乎,我也就去沙发上坐了会儿,那对母子已经走了,估计孩子还是不肯妥协。

第四章
换一种心情，转身遇见另外的人生

前台的小姑娘见我张望，问我是不是在看刚才哭的男孩儿，她说，她挺担心的。

原来，男孩儿在他们家办会员好几个月了，每次体验 7D 影院呀，激光穿梭呀这些都很好，就是不玩攀岩，蹦极也不玩，他妈妈就会非常生气，认为他胆小、懦弱，每次都是一顿骂，男孩开始来都是高高兴兴的，现在就算来的时候也不高兴了，估计是产生了抵触心理。

我第一个念头就是这孩子怕高，前台姑娘说："我们也跟他妈妈讲过，要循序渐进地引导，谁知道教练劝说了还不到五分钟，妈妈的脾气就上来了，我很担心她回去会打孩子。"

再后来，健谈的姑娘说："也难怪这位妈妈总心情不好，她离婚了。"

是去年的事儿，男孩跟着她，前夫收入很不错，每个月都会给他们充足的生活费，就算她不上班，这些钱也足够母子俩的日常开销。她爱说，但就是脾气急躁，前台姑娘还听她抱怨道：他爸爸老觉得家里很压抑，你说教育孩子这么费劲，你不发脾气他根本不听啊，温柔得了吗？

2. 无为胜有为的温柔女子

其实，是可以温柔的。

梅姐，就是一位温柔的女子。

你有多自律，就有多自由

梅姐的丈夫与我家秦先生是很好的朋友，多年前，我见她第一面的时候，她大女儿才上幼儿园，如今，小女儿快三岁了，大女儿也上了四年级。

梅姐跟丈夫原本在老家朝九晚五地工作，后来去了北京做生意。这些年，生意越来越好，在老家买了房子，车子也换了好几辆，每次聚会，我都特别愿意跟她坐在一块儿，听她讲讲自家生活。

春节的时候我们聚一块吃饭，席间她小女儿想去方便，梅姐正要起身，大女儿就站了起来说："妈妈我去吧，你跟阿姨多聊会儿。"

真的，见惯了两个孩子的家庭，老大对老二不闻不问还欺负的场景，梅姐家这甜美的一幕在我记忆里估计是挥之不去了。

梅姐说，小女儿比较爱调皮，她有时候也忍不住责怪，大女儿就会护着妹妹讲道理道："妈妈，妹妹就是我们家的开心果呀，她还小呢，你不能这样。"

梅姐说，妹妹受了委屈的时候，姐姐会陪着一起掉眼泪。

梅姐说，每次买了好吃的零食和水果，妹妹都要留着，等姐姐放学回来一起吃。

梅姐说，她女儿学习成绩很优秀，在年级里排进前十名，但她女儿从没上过辅导班。

梅姐说了很多，我听罢只想回复一句："梅姐你教育得真好。"

梅姐笑道："说实话，我是落伍了，比不上你们懂什么科学育儿，我真没研究过怎么教导孩子，就连我女儿问我数学题，我都不会。我跟我闺女说，妈妈不懂，怕给你教错了，你哪里不会，自己记下来，明天到学校问问老师，或者有时候就直接让孩子去同学家讨论讨论。"

无为胜有为，说的便是这种概念吧。

也看过一些"懂事的孩子最可怜"这类文章，但梅姐女儿的懂事，是天然的，是在被爱中自发形成的，那些被迫懂事与此完全不同。

我还注意到一个细节，梅姐的大女儿想吃鱼，桌子太够不到，梅姐笑盈盈地站起来，夹了一筷子鱼递到女儿碗里，一边递一边说："给我宝贝女儿夹块鱼吃，吃了就跟鱼游得一样快了。"

她的大女儿在旁边哈哈大笑。

梅姐的丈夫，也是个温和的人，但我知道他发过一次脾气，在得知梅姐二胎还是女儿的时候，婆婆亲戚都是不高兴的，她们还想着这胎是个儿子来延续香火，梅姐的丈夫把桌子拍得震天响："我们过日子，又不是你们过日子，我这个家没有儿子照样过得好，把你们那套封建思想收起来，我就喜欢闺女。"

这个家庭，是我所见过的，最成功的家庭。

3. 温和，是一个家庭最需要的营养

我所说的成功，不是名利双收，不是左右逢源，甚至不是出

人头地,不是白手起家,而是这个家庭,有着太多的欢乐和温馨,太多的从容和幸福。

是的,我认为,梅姐在成功的家庭里功不可没。

有的家庭,高学历高收入高职位,却冷锅冷灶,夫妻之间每句话都带着刺,会觉得幸福吗?

有的家庭,妻子嫌东嫌西,嫌车不够高档,嫌房子不够大,嫌丈夫连袜子都不洗,嫌孩子又没考个好成绩,抱怨之后,就会变好吗?

我跟秦先生说,梅姐一看就是旺夫的女人。

一个女人的温和,在婚姻里到底有多重要?重要到关乎这个家庭的幸福指数,关乎孩子的性格养成、童年记忆和成长模式,甚至关乎丈夫的事业和气度。

温和是什么意思?百度百科说,是不严厉、不粗暴,平和而不猛烈,也形容天气冷热适中,不冷不热。

是了,为什么世间会有"适宜"这个词语呢?一定是因为人们爱极了它的出现。

脾气适宜,不打骂孩子,不拔苗助长,不沉溺于用自我的追求强求孩子。

性格适宜,不会一点小事就像点了火药,不点火就着,是不暴躁,不用最伤人的语言伤害亲人爱人,不用毒舌做无心的借口。

相处适宜,对枕边人目笑眉语,对孩子轻柔细语,让家里充满欢声笑语。

女人是一个家庭的引导线，贯穿始终。

女人的情绪，影响着一个家庭的氛围。

而家庭的变好，是从女人的自我修养变好开始的。

温和的女人，会让人不由自主地喜欢、热爱、敬佩，想要与她成为朋友，而不是敌人。孩子和丈夫，不怕你而是爱你，想保护你，这才是一个好的家庭。

温和，是一个女人应有的修养，也是一个家庭最需要的营养。

你有多自律，就有多自由

不结婚行不行？行，你想清楚了就行

1. 还未踏进围城，就开始厌倦了围城生活的晴子

前几天，邻居王阿姨跟女儿晴子吵架。

晴子歇斯底里道："你介绍的人我都见了，那就是不喜欢有什么办法？让我过几天安稳清闲日子不行吗？非得随便找个人结婚吗？"

王阿姨气急败坏地对抗道："我还不是为了你好，你都快30岁了，又是剩女又是高龄产妇的，还挑什么？人家肯要你就不错了。"

晴子更愤怒了，道："这话说的，合着您女儿就这么低贱，已经到了清仓甩卖的地步？"

王阿姨不甘示弱道："反正你这周就给我继续相亲，直到结婚为止！"

晴子摔门就走，刚下楼就遇上了买菜回来的我。

第四章

换一种心情，转身遇见另外的人生

于是我一边拎着菜一边听晴子诉苦。

其实晴子挺优秀的，一米七的个子，完全不用高跟鞋撑气场，在一家外企做 HR，待遇还不错，她在公司附近租了房子，原本一个星期还能回来一两次，如今由于王阿姨的催婚，一个月都不回来一次了。

在晴子的认知里，从未正儿八经地考虑过结婚这件事儿，她说，不想成为母亲那样的女人。

晴子母亲，也就是王阿姨，一生没有工作，沉迷于跟小区里的同龄人聊天，什么都聊，爱发脾气。年轻的时候，除了抱怨丈夫事业做得不够大，就是抱怨子女不成器不听话。现在年纪大了，更不得了，生活重心变成了抱怨老公应酬多回家少，还有逼晴子相亲快结婚。

晴子很苦恼，担心她一个大好女青年，结了婚就成了妈妈那样的人。

她还未踏进围城，就开始厌倦了围城生活。

2. 很多女人都是被婚姻毁掉的

其实我理解晴子，说真的，同龄人，结婚有孩子的跟没结婚没生孩子的，一眼就能看出来。少女气息跟少妇气息，是很明显的。

结婚生子的女人，你保养得再好，打扮得再靓丽，眉眼之间再有风情，老公再宠爱，跟那些未出阁的姑娘，也早已不同了。

你有多自律，就有多自由

结了婚要面对什么呢？

一是消耗。

有人说，现代社会，恋个爱就同居了，结婚不过就是一个证的事情，没什么大差别。

实际上，差别大了。

领证之前，你只需要面对自己的爱情，想作就作，做事可以凭借心情，大不了就分手。

领证之后，你要面对的，是对方的家族，大家和小家，都要兼顾。

领证前，你发了工资先给自己买买买，手机电脑是苹果最新款，护肤化妆一律是香奈儿迪奥娇兰。你觉得工作有点累，订了机票就去旅行，说走就走；你逛街觉得沙发不错，顺手就把家里的老款换了；你晚上下了班K个歌泡个吧想疯到几点就疯到几点；周末摘个草莓爬个山一路自拍都是美美美。做月光族没人说你，消费观念没人说，对男朋友不满意直接分手，走路踩着高跟鞋满身傲气。

领证后呢？有了孩子以后呢？

工资一发下来就拿去还房贷了，有了孩子也不能天天在外边吃，一有空就去菜市场，娱乐场所变成了游乐场、广场、公园，高跟鞋不能穿了得抱孩子，好不容易有个二人世界，还觉得内疚，心心念念着下次要带孩子一块来。从前那个诗情画意小资情怀的

第四章
换一种心情，转身遇见另外的人生

你不见了，只想着哪道菜有营养帮助孩子长身体，有空闲就研究育儿知识，为了孩子的学习成宿成宿地睡不好。化妆？约会？逛街？孩子一生病，你恨不得用一切作为交换，以求孩子健康。

你以为这就完了？

婆婆三五不时地过来添乱，指责你带孩子太随意，七大姑八大姨也来掺和，你礼貌周到人家说应该的，你一个细节做得不好，人家就说谁谁的媳妇儿啊，笨得要死；要遇见个情商智商高的老公还行，要遇见个不懂事的，你就等着哭吧，婆媳不和了他不管，孩子尿了他不管，你骂他他说你无理取闹，出门就约了朋友喝酒，产后抑郁症的那么多，也不差你一个。

二是衰老。

怀孕之后，脸上可能长斑，身上可能长妊娠纹，哺乳期之后，胸部会下垂，有可能会得乳腺炎，月子里养不好，会落下病根，视力有可能会更差，腰酸背痛也是常事儿。

关键是，你再不会第一时间安排自己，累了你会想着忍忍就好了，痛了你会觉得熬熬就行了。老了？每个人都会老的，你如此安慰自己。

结婚生子，会加速衰老，因为琐事太多了：陪孩子打疫苗，选学校，完成各种老师布置的作业，关注孩子的交友状态，学习状态，玩的状态，说实话，如果不是强大的爱做支撑，会非常累。

是的，我们可以正确看待衰老，但没有人喜欢衰老。

三是情绪变差。

一个人跌倒了很容易爬起来,但有了家庭之后,你的奋斗非常容易打折扣,做事会有顾虑,万事求安稳、求太平,因为你身后有人靠你支撑,你无法任性。

我相信,很多女人,在走入婚姻之后都曾怨悔过:还不如不结婚。

说实话,我一直认为,很多女人都是被婚姻毁掉的,她本可以凭借自己执着的光芒扶摇直上,结了婚,却转身就变成了一哭二闹三上吊。

3. 婚姻为我们带来了什么

那我们结婚是为了什么呢?

为了爱情,为了父母,为了不做剩女,为了有个更好的经济条件,为了有个家,为了不再漂泊,为了不再孤独……归根结底,是为了趋向内心的渴望。

婚姻又为我们带来了什么?

一是安全感。

相爱的人啊,害怕失去。

一纸婚书,对有些人来说,就是安全感;对有些人来说,就代表温暖。

风雨来临的时候,有人为你撑伞;琴瑟鼓起的时候,有人与

第四章
换一种心情，转身遇见另外的人生

你和鸣；你在书房读书的时候，有人在旁边倒茶；你深夜加班的时候，有人给你打电话；你买不起喜欢的东西的时候；有人为你刷卡；你想要出去走走的时候，有人陪着，怕你有危险。

风雨来临的时候，你心里有了牵挂，你希望他生病的时候你在，他困惑的时候你在，他七老八十拄着拐杖的时候你在，他需要手术的时候你是第一签字人。你希望彼此温暖这一生，共同面对这世间所有的磨难。

他是你的英雄，成为你的信仰，你想要这一路走得顺畅，就别忘记这个初心。

二是动力。

婚姻是一个人的软肋，也是铠甲。

人生这么长，你总要有个寄托才能更好地活下去，当有一个人可以激发你的能量，促使你前进的时候，你的前进才有意义，才能被看见。

不好的婚姻是消耗，好的婚姻则是成长。

三是圆满。

非要结婚才算圆满吗？不一定，但结了婚生了子确实很圆满，你会觉得人生进入了新篇章。

可不可以不结婚？可以，没有规定说一个人必须要结婚，才能完成生而为人的使命，这只是你的选择，但如果你选择了，你就要对所有的后果负责。

你有多自律，就有多自由

没有一项规定是让所有人按照同一条路走，就像人跟人的体质不同，人跟人的性格也不同，有的人，确实不适合婚姻。

我一同学，十分热爱家庭主妇这项工作，一儿一女每天都被她照顾得妥妥当当。她是真的温柔，对孩子不发火，对丈夫不抱怨，也从来不考虑什么全职太太与社会脱节啊、跟不上时代啊、思想落后啊之类的，从不考虑，也不在意，就一门心思地爱孩子、爱家庭，婚姻也是很美满的。

相反地，以前一个朋友，成天想着孩子拖累了自己，没法出去玩儿啊，孩子一哭闹就烦躁啊，看见婆婆就气不打一处来啊，瞅哪都不顺眼，真的都是别人的错吗？没有自己的问题吗？

不结婚行不行？行。你想清楚了就行。

换一种心情，转身遇见另外的人生

1. 什么样的自己才是更好的自己

前阵子剪掉了多年的长发。

尽管与我的想象并不符合，但换上喜欢的衣裙，戴上美瞳，搭配好合适的首饰，化了细致的妆容之后，我还是很欢喜的。

我看着镜子里的自己，有一种别样的情绪。

有时候，生活的转变是在一瞬间。

我一直认为只有长发适合我，剪掉想必会相当难看，但我第一时间接受了短发的自己，并且心生欢喜。

我需要的，不是一种发型，而是一个转折点，让我体验从未尝试过的生活，让我不局限固定任何一种模式，爱每一个风格的自己。

每个人都渴望遇见更好的自己，什么样的自己才是更好的自己？

不是拼了命在工作岗位上挣扎到几乎猝死，去换取年底的奖金；不是为了报复前任做不想做的事；不是勉强自己在讨厌的人面前强颜欢笑虚伪地嬉笑怒骂；不是一边看着"霸道总裁爱上我"的小说，一边抱怨怎么别的女人都事业有成出国镀金还拥有甩你一百条街的时尚品位。

而是你真的爱自己。

你从心底认为，不必依靠别人的评价，我就是这么好，我喜欢自己的模样，喜欢自己的工作，我做的事情是正确的，我认可自己的价值观，我在前行的道路上一步一步，越来越好。

2. 倾尽全力爱自己，美好不在别处

我曾以为，我这样骄傲的人，想必是非常爱自己的。

后来我发现，不尽然。

我未曾倾尽全力爱自己。

不爱自己的表现之一：整日心事重重。

不爱自己的表现之二：对现状严重不满。

不爱自己的表现之三：无论如何找不到兴奋点。

不爱自己的表现之四：总认为别人拥有的才是最好的。

这些状态，我曾有过，也许你也有过。

当然，不爱自己的表现很多，总而言之就是，我们无法认真享受或对待目前的生活状态。

第四章

换一种心情，转身遇见另外的人生

总觉得美好在别处，优势与财富都是他人所拥有的，你渴望另一个人的外貌或学识，你期待有另外一种可能性出现，像小说里一样可以与对方互换身份；某一天时光倒流生活可以重新走一遭；你的丈夫不如她的老公贴心，你忍不住叹气；你的钱不如他的多，你希望有生之年有踏入高阶层的机会。

你从未想过珍惜现在，享受现在。

我们所有的渴望都用在了别人的世界里，那并不是爱自己。

我身边有一个对生活充满兴趣的人——沫沫姐。

每个人都会遇见烦心事，但她上午遇见，下午仍旧能够在与我们的调侃中解救情绪低落的自己，仍旧可以在微小的事件中找到乐趣。

有一次，活动需要邀请明星参加，于是我们按照甲方提供的价格范畴，在众多明星的报价文档中不断筛选，寻找符合条件的明星。

安静的办公室随时传来她的惊呼，以及笑声，一个价格，都能让她联想起当年的活动故事。她一边说，一边笑，那是一个愉快的下午，但她明明上午才跟我说现阶段所遇到的令我都觉得灰心丧气的磨难和考验。

我不知道你有没有遇到这样一个人，她的出现就是为了告诉你，原来还有另外一种生活，令人更愉悦，幸福感更强。同样的考验，你可以看到她完全不同的处理方式，柳暗花明，云开月朗，便是这样了。

你有多自律，就有多自由

3. 对生活失去兴趣，是枯萎的最初征兆

当你习惯了千篇一律的生活，每天固定时间出门扔垃圾；一个星期七天有五天吃同样的饭菜，可以持续一整晚刷微博朋友圈以及各种娱乐八卦；晚睡、早晨不起，在电脑前一坐一整天；沉迷于游戏，不喜欢社交，圈子越走越小，人越来越孤僻，你照镜子的时候，发现自己毫无生气。

如果你在这种自我的环境里能够心静，能够从容地知道自己想要的是什么，能够在生活中发现真实的美好，并从中得到乐趣和安宁，那是爱自己，但如果没有，那就不算爱。

习惯了一种生活，就不会轻易地改变，因为改变需要付出一些代价。

比如，我换了个发型，就要接受新发型与脸的轮廓不匹配，从而导致整个人都不好看的可能性。

比如，11月底我还打算卖一套房子，12月初我就决定不卖了，我也不知道这种决定是对是错，诚如我无法预测多年之后的房地产是升值还是涣散的泡沫。

比如，你要做一项投资，就可能动用到银行里的存款，你会考虑赔本的概率有多大，因为有输的概率。

你总是紧绷着神经过日子，总觉得心里有事情，没解决，没放下，你忙着发脾气，忙着吵架和消耗，忙着做一些事情来发泄

自己的情绪,花开你看不见,阳光看不见,微笑看不见,爱人做好的饭、布置好的客厅也看不见。

后来,你居然习惯到以为一地鸡毛才是真正的生活。其实你可能只是没有仔细地思考这种快节奏的焦虑,你每天沉迷于功名利禄的追求中,追求不到,焦虑就更深一层,周而复始。

4. 别轻而易举地为自己的现状下判决书

我最近重温了《十二怒汉》,把国内翻拍的《十二公民》也看了一遍。

1957年那一版是黑白的,电影画面远达不到今日的高清状态,冗杂沉闷的休息室,主要道具是一张长形的桌子,设备破旧,最明显的是每个人面前都放着一张纸和一支笔。

一个男孩,在人证物证确凿的情况下,被认为是杀害自己父亲的凶手,十二位陪审团成员需要在这间不与外界对接的休息室里,共同完成"12∶0"的结论,就是说,十二个人,要么全部认为男孩有罪,要么全部认为男孩无罪,如果其中有一个人有异议,那么他们就要不断地讨论下去,直到再次得出"12∶0"的结论。

十二个人,十二种脾性、出身、职业、价值观和思考方式。

这几乎是一项不可能完成的任务。

因为遇到意见一致的人容易,但试图说服对方却很难。

第一次投票,有十一个人认为男孩有罪。

只有一个人，他提出了"合理的怀疑"，他将自己所知道的、所能够提供的、所分析的，毫无保留地摊开在会议桌上，坚持认为不应该在毫无辩驳的情况下，就将一个"弑父"的罪名扣在那个男孩的头顶之上，作为可以左右案件判定结果的陪审团，他们不是要证明那个男孩没有杀人，而是应该尝试举例、辩论、研究，现有的证据是否足够确切地证明男孩杀了人。

至少要试试。

于是，在提出"合理怀疑"的陪审团成员的坚持下，"无罪：有罪"的投票从 1∶11，改变至：2∶10，3∶9，4∶8，6∶6，9∶3，8∶4，11∶1。

最终，最后一名失控的陪审员，投下"无罪"的一票，至此，无罪∶有罪 =12∶0。

这是人性的转折。

如剧中的台词所陈述的意义一般：当你认为男孩有罪的时候，他在你心里就已经死了。

那十一个人的先入为主，是我们最常有的思维。

我们容易缺乏独立的思考，害怕变故会带来不能承担的结局。

容易按照别人提供的证据，顺着对方的思路走下去。

我们太懒了，固执地维持自己想看到的结局，而不愿意相信也许这种结局是错的，即便是对的，我们也懒得证明它是对的。

这就是你没办法享受当下的原因。

你不懂得生活的本质是什么，你轻而易举就为自己的现状下了判决书，你都没有试图挣扎一下，就沿着这种模式像坐滑梯一样滑了下去，你抱怨滑梯这么凉，你抱怨滑下去摔了个大跟头，但你当时，并没有想想自己是否需要坐这个滑梯。

5.改变现状，遇见你想要的生活

总有读者以这种对话模式开头：

"卡西姐，我做事畏首畏尾的，大胆被人认为是蛮横，勤快被人认为好欺负，怎么都不对，害怕别人合伙欺负我。"

"卡西姐，看了你那篇《有一种朋友，交往起来特别累》，我就是这种缺心眼的人，怎么办？"

"卡西，我丈夫对我并不好，整天嫌弃我邋遢，我带孩子没办法啊，你是女人，你来说说，我们生个孩子容易吗？"

"西姐，我在办公室的群里就像是透明的，从来没人提起过我，没有人@过我，我发消息都没人回复，每天心情都很糟糕。"

我看了这种提问，有的时候会有一种恨铁不成钢的意味，你看，你是聪明的，你知道自己的症结在哪里，但你固执地认为这是没办法更改的，于是，你一边苦恼，一边继续维持现状。

你完全忘了，你才是主角，你一直活在需要别人认可的世界里。

你不懂得如何爱自己，你不会独立思考，所以你永远无法救赎自己。

你有多自律，就有多自由

怎么办呢？不被别人设置的障碍所阻拦，不沿着别人的道路来规划自己的人生，不活在别人需要的人设里，不失去独立思考的能力同时爱自己。

你做事的时候，可以捎带一些自私，先考虑自己可能会遭遇的后果，看看这种后果是不是你能接受的。

你觉得自己缺心眼，就多读书多长见识多见世面，多规整自己的一言一行，慎言，做事之前三思而后行。

你丈夫对你不好，你也并没有对自己多好，生孩子不容易，但这不是你放弃自己的理由。

你透明，那是你把时间全部耗在了别人的关注里，他们是你生命中最重要的人吗？这是一个人格魅力至上的时代，你没有一丝一毫的人格魅力和闪光点，你对别人毫无付出和理解，自然没人需要你。

说到底，不人云亦云，不放弃自己，试着发现生活中小小的美好，试着改变现状，并从中找到乐趣。小乐趣衍生大志向，从而放下原有的固执，没准一转身，就遇见了想要的生活。

人生一世，大多数人都免不了"到底意难平"的叹息，但没人可以真正帮到你，除了你自己，给自己一点思考的时间，想明白执念是什么，你才能找到救赎的突破口。

不必害怕改变，那正是你变好的路。

Life is in your hands,

Death is on your minds.